CONTEÚDO DIGITAL PARA ALUNOS
Cadastre-se e transforme seus estudos em uma experiência única de aprendizado:

1 Entre na página de cadastro:
www.editoradobrasil.com.br/sistemas/cadastro

2 Além dos seus dados pessoais e de sua escola, adicione ao cadastro o código do aluno, que garantirá a exclusividade do seu ingresso a plataforma.

2469826A8824034

3 Depois, acesse: www.editoradobrasil.com.br/leb
e navegue pelos conteúdos digitais de sua coleção :D

Lembre-se de que esse código, pessoal e intransferível, é valido por um ano. Guarde-o com cuidado, pois é a única maneira de você utilizar os conteúdos da plataforma.

Matemática
Bonjorno

4º ano

Ensino Fundamental

José Roberto Bonjorno
- Bacharel e licenciado em Física pela Pontifícia Universidade Católica de São Paulo (PUC-SP)
- Licenciado em Pedagogia pela Faculdade de Filosofia, Ciências e Letras Professor Carlos Pasquale (FFCLQP-SP)
- Professor do Ensino Fundamental e do Ensino Médio

Regina Bonjorno
- Bacharel e licenciada em Física pela Pontifícia Universidade Católica de São Paulo (PUC-SP)
- Professora do Ensino Fundamental e do Ensino Médio

Tânia Gusmão
- Doutora em Didática da Matemática pela Universidade de Santiago de Compostela (Espanha)
- Mestre em Educação Matemática pela Universidade Estadual Paulista (Unesp-Rio Claro)
- Licenciada em Ciências Exatas pela Universidade Estadual do Sudoeste da Bahia (UESB-BA)
- Professora titular da Universidade Estadual do Sudoeste da Bahia (UESB-BA)

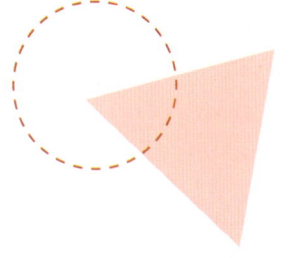

São Paulo
1ª edição • 2021

Dados Internacionais de Catalogação na Publicação (CIP)
(Câmara Brasileira do Livro, SP, Brasil)

Bonjorno, José Roberto
  Matemática Bonjorno, 4º ano : ensino fundamental / José Roberto Bonjorno, Regina Bonjorno, Tânia Gusmão. -- 1. ed. -- São Paulo : Editora do Brasil, 2021. -- (Matemática Bonjorno)

  ISBN 978-65-5817-934-4 (aluno)
  ISBN 978-65-5817-935-1 (professor)

  1. Matemática (Ensino fundamental) I. Bonjorno, Regina. II. Gusmão, Tânia. III. Título. IV. Série.

21-55585   CDD-372.7

Índices para catálogo sistemático:
1. Matemática : Ensino fundamental   372.7
Cibele Maria Dias - Bibliotecária - CRB-8/9427

© Editora do Brasil S.A., 2021
Todos os direitos reservados

Direção-geral: Vicente Tortamano Avanso

Direção editorial: Felipe Ramos Poletti
Gerência editorial: Erika Caldin
Supervisão de arte: Andrea Melo
Supervisão de editoração: Abdonildo José de Lima Santos
Supervisão de revisão: Dora Helena Feres
Supervisão de iconografia: Léo Burgos
Supervisão de digital: Ethel Shuña Queiroz
Supervisão de controle de processos editoriais: Roseli Said
Supervisão de direitos autorais: Marilisa Bertolone Mendes

Supervisão editorial: Rodrigo Pessota
Edição: Daniel Leme, Katia Simões de Queiroz e Maria Amélia de Almeida Azzellini
Assistência editorial: Juliana Bomjardim, Viviane Ribeiro e Wagner Razvickas
Especialista em copidesque e revisão: Elaine Silva
Copidesque: Gisélia Costa, Ricardo Liberal e Sylmara Belletti
Revisão: Amanda Cabral, Andréia Andrade, Fernanda Sanchez, Flávia Gonçalves, Gabriel Ornelas, Jonathan Busato, Mariana Paixão, Martin Gonçalves, Míriam dos Santos e Rosani Andreani
Pesquisa iconográfica: Tatiane Lubarino
Assistência de arte: Letícia Santos
Design gráfico: Talita Lima
Capa: Caronte Design
Edição de arte: Talita Lima
Imagem de capa: Júlio César
Ilustrações: André Martins, Caio Boracini, Carlos Jorge, Érik Malagrino, Flip Estúdio, Ilustrarte, Kau Bispo, Lettera Stúdio, Luciano Soares, Luiz Sansone, Paula Lobo, Paulo José, Tarcísio Garbellini e Wanderson Souza
Editoração eletrônica: Setup Bureau Editoração Eletrônica S/S Ltda.
Licenciamentos de textos: Cinthya Utiyama, Jennifer Xavier, Paula Harue Tozaki e Renata Garbellini
Controle de processos editoriais: Bruna Alves, Carlos Nunes, Rita Poliane, Terezinha de Fátima Oliveira e Valeria Alves

1ª edição / 1ª impressão, 2021
Impresso na Ricargraf Gráfica e Editora

Rua Conselheiro Nébias, 887
São Paulo/SP – CEP 01203-001
Fone: +55 11 3226-0211
www.editoradobrasil.com.br

APRESENTAÇÃO

Querido estudante,

Você tem ideia do quanto a Matemática está presente em nosso cotidiano?

Podemos identificá-la em nossa casa: nos momentos de lazer, nos afazeres cotidianos, nas formas dos objetos. Podemos identificá-la, ainda, na natureza, nas brincadeiras com os amigos, nos esportes e muito mais...

A partir de agora, você terá a oportunidade de fazer novas descobertas sobre a Matemática em seu dia a dia e aprofundar seus conhecimentos por meio das propostas de seu livro. Aproveite!

Os autores

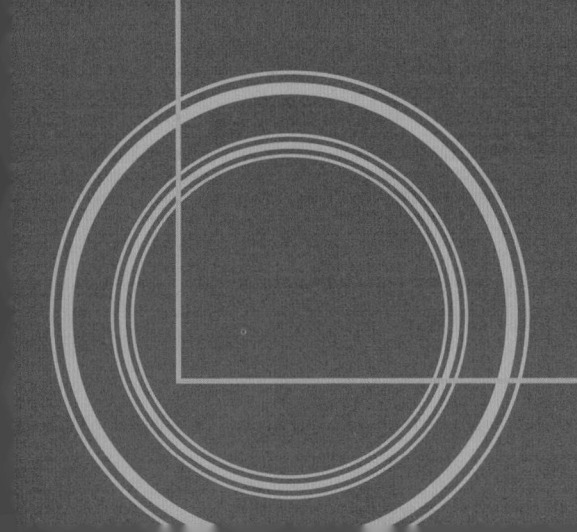

CONHEÇA SEU LIVRO

ABERTURA DE UNIDADE – Prepare-se para encontrar nas aberturas de unidade desenhos e fotografias que vão despertar sua curiosidade.

RODA DE CONVERSA Explora a relação da imagem de abertura da unidade com os conteúdos que nela serão estudados. É o momento de argumentar e ouvir a opinião dos colegas.

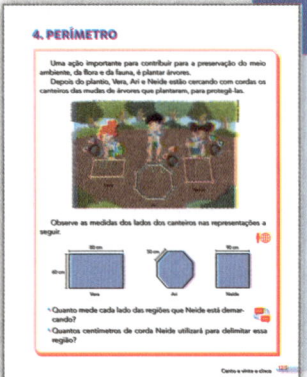

TEORIA – Em cada tópico, você irá conhecer ou aprofundar conteúdos e realizar atividades em que vai aplicar o que aprendeu, além de fazer novas descobertas.

UM POUCO DE HISTÓRIA – Por meio de informações e curiosidades do passado, você vai perceber que muito do que utilizamos hoje na Matemática é fruto de descobertas do ser humano e dos avanços da tecnologia.

OLHANDO PARA O MUNDO – Nesta seção, você vai refletir e fazer descobertas sobre diversos assuntos, como: a importância de valorizar o meio ambiente e cuidar dele, formas de cuidar da saúde, os diferentes modos de vida, entre outros.

PEQUENAS INVESTIGAÇÕES Se você gosta de pesquisar e aprender coisas novas, vai se divertir com esta seção.

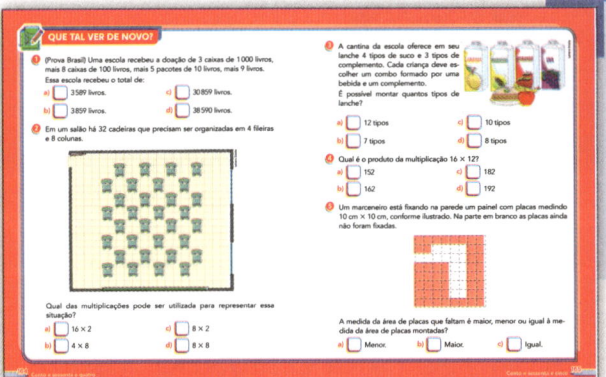

QUE TAL VER DE NOVO? Seção final de cada unidade, em que você poderá rever, por meio de atividades variadas, os conteúdos explorados.

QUE DIVERTIDO! – Oportunidade para jogar e compartilhar seus conhecimentos, trocar informações, ouvir e ser ouvido.

CURIOSIDADES – Informações sobre fatos curiosos ligados a algum tema estudado.

DESAFIO – Atividades desafiadoras que o levarão a refletir e encontrar soluções.

PARA DESCONTRAIR – Momentos de descontração relacionados ao conteúdo da unidade.

MULTITECA – Sugestões de livros e de sites que tratam de assuntos interessantes.

 Atividade oral

 Atividade em dupla

 Atividade em grupo

 Atividade de pesquisa

 Atividade de elaboração de problema

 Cálculo mental/ estimativa

 Calculadora

 Imagens fora de proporção

SUMÁRIO

UNIDADE 1: REGISTROS ARQUEOLÓGICOS ... 8
1. Sistemas de numeração ... 10
   - Sistema de numeração decimal ... 11
   - Sistema de numeração egípcio ... 13
   - Sistema de numeração maia ... 15
   - Sistema de numeração romano ... 17
2. Medidas de tempo ... 22
   - Unidades de medidas de tempo ... 23
   - Horas, minutos e segundos ... 26
3. Prismas e pirâmides ... 30
   - Planificações ... 33

QUE TAL VER DE NOVO? ... 37

UNIDADE 2: DIFERENTES LUGARES ... 40
1. Medidas de temperatura ... 42

OLHANDO PARA O MUNDO:
A importância da meteorologia ... 45

2. A ordem dos milhares ... 46
   - Dezena de milhar ... 49

UM POUCO DE HISTÓRIA:
Aconteceu em Atenas ... 52

3. Retas, semirretas e ângulos ... 57
   - Retas ... 58
   - Semirretas ... 59
   - Ângulos ... 60
   - Ângulo reto ... 61

QUE TAL VER DE NOVO? ... 65

UNIDADE 3: LUGARES E DESCOBERTAS ... 68
1. Deslocamentos ... 70
   - Retas: paralelas, concorrentes e perpendiculares ... 72
2. Adição ... 76
   - Adição sem reagrupamento ... 78

OLHANDO PARA O MUNDO:
Maravilhas do mundo ... 82

   - Adição com reagrupamento ... 83

OLHANDO PARA O MUNDO:
Ribeirinhos e índios da Amazônia vendem artesanato pela internet ... 89

   - Propriedade comutativa ... 90
   - Propriedade associativa ... 92

UM POUCO DE HISTÓRIA:
Gauss, o príncipe da matemática ... 95

3. Subtração ... 96
   - Subtração sem desagrupamento ... 98
   - Subtração com desagrupamento ... 100

QUE TAL VER DE NOVO? ... 107

UNIDADE 4: CONHECER E CUIDAR ... 110
1. Propriedades da igualdade ... 112
2. Análise de chance e eventos aleatórios ... 118
3. Medidas de comprimento ... 120

OLHANDO PARA O MUNDO:
Tartarugas marinhas ... 124

4. Perímetro ... 125

QUE TAL VER DE NOVO? ... 129

UNIDADE 5: TRANSITANDO ... 132

1. Multiplicação ... 134
   - Adição e multiplicação ... 136
   - Observando linhas e colunas ... 140

   OLHANDO PARA O MUNDO:
   Semana Nacional do Trânsito ... 143
   - Combinações e possibilidades ... 144

2. Algumas propriedades da multiplicação ... 147
   - Propriedade comutativa ... 148
   - Propriedade associativa ... 149

   QUE DIVERTIDO!
   Multiplicando resultados ... 151

3. Ampliando a multiplicação ... 153
   - Multiplicação com fatores de 2 algarismos ... 157

4. Medidas de superfície ... 159

   QUE TAL VER DE NOVO? ... 164

UNIDADE 6: LUGARES DE APRENDER ... 166

1. Divisão ... 168
   - Divisão com 2 algarismos no divisor ... 178

   QUE DIVERTIDO!
   Memória da divisão ... 182

2. Sequências numéricas ... 183

3. Medidas de massa ... 186
   - Quilograma e grama ... 187
   - O miligrama ... 188
   - Tonelada ... 190

   PEQUENAS INVESTIGAÇÕES:
   O que são produtos orgânicos ... 191

   QUE TAL VER DE NOVO? ... 192

UNIDADE 7: PASSEAR E CONVIVER ... 194

1. Multiplicação e divisão ... 196
2. Múltiplos e divisores ... 202
3. Litro e mililitro ... 206
4. Simetria ... 210

   OLHANDO PARA O MUNDO:
   Praça ganha revitalização com ajuda dos moradores ... 213

   QUE TAL VER DE NOVO? ... 214

UNIDADE 8: FÉRIAS ... 216

1. Frações ... 218
   - Fração de unidade ... 219
   - Fração de quantidade ... 226

2. Números decimais ... 230
   - Décimos ... 231
   - Centésimos ... 236
   - Milésimos ... 240

3. Centavos de real ... 243

   OLHANDO PARA O MUNDO:
   Pagamento à vista ou parcelado? ... 248

   QUE TAL VER DE NOVO? ... 249

REFERÊNCIAS ... 253

MATERIAL DE APOIO ... 255

UNIDADE 1
REGISTROS ARQUEOLÓGICOS

Estes registros em rochas foram encontrados por arqueólogos, cientistas que estudam documentos deixados pelas sociedades do passado.

Nossos antepassados deixaram nas rochas e no interior das cavernas, registros como estes.

Esses desenhos revelam o modo de vida das sociedades pré-históricas.

RODA DE CONVERSA

1. Qual é a importância do trabalho dos arqueólogos?
2. Que tipo de documento estudado pelos arqueólogos pode ser visto na imagem?
3. Imagine formas de registros que esses povos poderiam utilizar para representar quantidades.
4. Na região onde você mora já foram encontrados registros deixados por povos antigos?

1. SISTEMAS DE NUMERAÇÃO

Em uma exposição de peças arqueológicas havia um osso com marcas alinhadas que foram associadas a contagem.

- Se as marcas no osso realmente representassem uma contagem, qual seria o número representado?
- Quantas dessas marcas  seriam necessárias para representar o número 100?
- Você já observou essa forma de registrar quantidades sendo usada nos dias de hoje? Em que situações?

  » Escreva **vinte e quatro** das formas solicitadas a seguir.

  a) Seguindo a mesma organização utilizada no osso da figura acima.

  b) Agrupando as marcas de 10 em 10.

  c) Com o sistema de numeração que costumamos usar no dia a dia.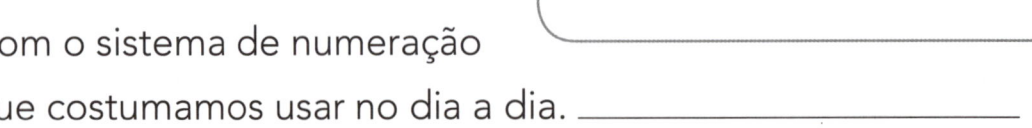

SISTEMA DE NUMERAÇÃO DECIMAL

O sistema de numeração que usamos hoje foi desenvolvido pelos indianos e aperfeiçoado pelos árabes. Conhecido por sistema de numeração indo-arábico, ele utiliza os **símbolos** 1, 2, 3, 4, 5, 6, 7, 8, 9 e 0, além da base 10, ou seja, são feitos agrupamentos de 10 em 10 para representar todos os números. Por isso dizemos que ele é um **sistema decimal**.

Os símbolos que representam os números são chamados algarismos arábicos. A palavra **algarismo** é decorrente do nome do matemático árabe Mohammed al-Khowarizmi.

O sistema de numeração decimal é **posicional**, isto é, o valor do algarismo depende da posição ou da ordem que ele ocupa no número.

- O número 723 é formado por quantos algarismos?
- Qual posição o algarismo 7 ocupa nesse número?
- Quantas unidades ele vale?
- Dê exemplos de um número de 3 algarismos em que o algarismo 8 ocupe a ordem da centena.

1 Represente os números 27, 418 e 5 903 no quadro de ordens.

4ª ordem	3ª ordem	2ª ordem	1ª ordem
UM	C	D	U

2 Decomponha e escreva como se lê cada um dos números registrados no quadro de ordens da atividade anterior.

Número	Decomposição	Leitura
27		
418		
5 903		

Onze

3 Componha os seguintes números:

a) 30 + 5 = _____

b) 600 + 90 + 4 = _____

c) 3 000 + 800 + 5 = _____

d) 3UM + 7C + 8D + 2U = _____

e) 8 centenas + 6 dezenas = _____

f) 7 milhares + 9 unidades = _____

4 Escreva com algarismos o número representado no ábaco a seguir. Depois, dê o valor posicional de cada um desses algarismos.

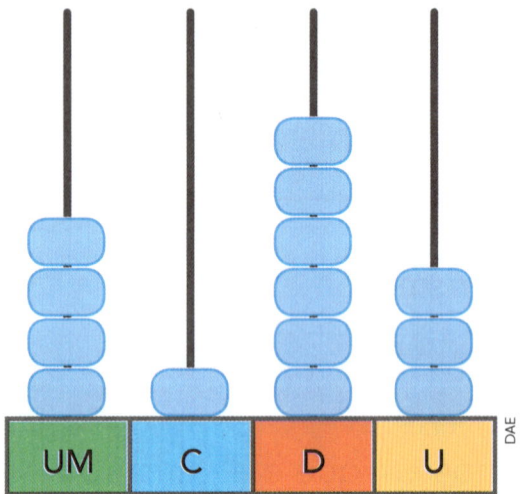

- Número: _____
- Valor posicional dos algarismos:

_____
_____
_____
_____

5 Escreva um número com algarismos e por extenso – ou seja, como ele é lido – de acordo com as seguintes características:

- É um número de 4 algarismos.
- O algarismo da unidade é par.
- O algarismo da dezena é o sucessor de 8.
- O algarismo da centena é o antecessor de 6.
- O valor posicional do algarismo da unidade de milhar é 8 000.

Que número é esse? Escreva com algarismos.

_____

Agora, escreva por extenso.

_____
_____
_____

SISTEMA DE NUMERAÇÃO EGÍPCIO

Os egípcios da Antiguidade usavam alguns símbolos – os hieróglifos – em seu sistema de numeração para representar quantidades. Veja alguns desses símbolos e o valor correspondente a cada um deles no sistema de numeração decimal.

	Símbolos dos números no Antigo Egito			
Símbolo	|	∩	℮	🌷
	Bastão	Calcanhar	Corda	Flor-de-lótus
Valor	1	10	100	1 000

Os egípcios contavam em grupos de 10. Cada símbolo podia ser repetido, no máximo, nove vezes, em qualquer ordem. O número vinte e quatro, por exemplo, podia ser escrito das seguintes maneiras:

Para interpretar o número representado bastava adicionar os valores dos seus diferentes símbolos, ou seja, eles usavam o princípio aditivo.

Veja outros exemplos com os números **doze**, **cento e vinte e dois** e **cento e trinta**.

∩||	10 + 1 + 1 = 12
∩|℮∩|	10 + 1 + 100 + 10 + 1 = 122
℮∩∩∩	100 + 10 + 10 + 10 = 130

No entanto, o sistema de numeração egípcio não era posicional, isto é, cada símbolo tinha sempre o mesmo valor, sem considerar o lugar que ocupava nas representações numéricas. Também não havia símbolo para o zero.

- De acordo com o quadro da página anterior, qual dos símbolos da numeração egípcia tem o maior valor?
- Quantos calcanhares são necessários para representar o número 200?
- Quais símbolos egípcios você utilizaria para representar sua idade?

1) Observe os valores de cada símbolo e responda:

a) Quantos ∩ podem ser trocados por um ℮? _____

b) Quantos | podem ser trocados por um 𓆼? _____

c) Quantos | podem ser trocados por um ℮? _____

2) Em cada item, descubra qual é o número na representação indo-arábica.

a) ∩||∩| ⟶ _____

b) ∩℮|∩∩ ⟶ _____

c) 𓆼∩℮℮ ⟶ _____

3) A pirâmide de Quéops, no Egito, foi construída há mais de 4 500 anos para servir de túmulo ao faraó egípcio Quéops.

Pirâmide de Quéops, Egito.

Altura aproximada (em metros)	Comprimento aproximado da base (em metros)
℮∩∩∩∩|||||	℮℮∩∩∩
_____	_____

Utilizando algarismos escreva no quadro acima, a altura e o comprimento da base, aproximados, da pirâmide.

SISTEMA DE NUMERAÇÃO MAIA

A civilização maia, que habitou a América Central, usava dois símbolos básicos em seu sistema de numeração: um ponto (•) para o número 1 e uma barra (–) para o número 5. Os maias usavam também um símbolo especial para o zero, com formato semelhante ao de uma concha ou uma casinha de caracol: ⌒.

Os números de 0 a 19 podiam ser representados assim:

0	1	2	3	4
5	6	7	8	9
10	11	12	13	14
15	16	17	18	19

- Quais números do quadro estão representados apenas por pontos?
- Quais estão representados apenas por traços?
- Quais símbolos maias você utilizaria para representar o número 17?

Para números maiores ou iguais a 20, os maias agrupavam esses símbolos verticalmente. Veja a orientação da seta no esquema ao lado.

| • | 1 | 1 × 20 |
| ⌒ | 0 | 0 |

$20 = 1 \times 20 + 0$

Era um sistema de numeração de base 20, exceto pelo uso especial do 18. O número era obtido adicionando-se o valor posicional de cada grupo. Conforme a indicação da seta, o grupo mais embaixo representava as unidades, o valor do segundo grupo era multiplicado por 20, o valor do terceiro por 18 × 20, do quarto por 18 × 20 × 20 e assim por diante.

••	2	2 × 18 × 20
—	5	5 × 20
•••	3	3

$823 = 2 \times 18 \times 20 + 5 \times 20 + 3$

Quinze

1 Lídia e Sandra criaram um jogo ao qual deram o nome de **baralho maia**. Ganhará a rodada quem tiver a maior quantidade de pontos em suas cartas. Observe as cartas de cada uma nessa rodada.

a) Quantos pontos cada menina fez nessa rodada?
_____

b) Quem venceu o jogo?
_____

2 Escreva, com algarismos, os seguintes números:

_____   _____

3 Circule o número de maior valor.

SISTEMA DE NUMERAÇÃO ROMANO

Dos antigos sistemas de numeração, o romano foi o mais difundido. Ele ainda é utilizado.

No quadro a seguir estão os sete símbolos usados pelos antigos romanos, seguidos por sua correspondência em nosso sistema de numeração decimal.

I	V	X	L	C	D	M
1	5	10	50	100	500	1 000

- Você já viu esses símbolos antes? Em que lugares?

Nesse sistema não há um símbolo para o zero. Para representar outros números, os símbolos são escritos lado a lado, obedecendo às seguintes regras:

- Os símbolos **I**, **X**, **C** e **M** podem ser repetidos seguidamente no máximo três vezes.
- Se um símbolo numérico romano for escrito à direita de outro símbolo de valor igual ou maior que ele, esses valores deverão ser adicionados.

LXII	CXV	MDLX
50 + 10 + 2 = 62	100 + 10 + 5 = 115	1 000 + 500 + 50 + 10 = 1 560

1 As imagens a seguir mostram números representados com símbolos romanos.

Relógio.

Placa de rua.

Coleção de livros.

a) Qual é o horário indicado no relógio? _____

b) Como se lê o nome dessa rua? _____

c) Que números do nosso sistema de numeração estão representados com símbolos romanos nos livros? _____

2 Escreva os números com algarismos arábicos.

a) XVI ⟶ _____   c) LX ⟶ _____   e) DCV ⟶ _____

b) XXIII ⟶ _____   d) CLII ⟶ _____   f) MDCC ⟶ _____

3 Escreva as quantidades representadas em cada ábaco usando algarismos e símbolos romanos.

a)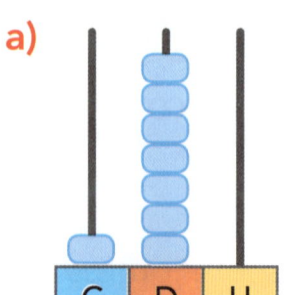

b)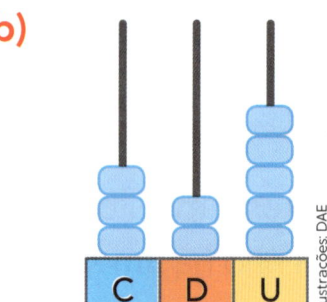

- Em algarismos: _____
- Em símbolos romanos: _____

- Em algarismos: _____
- Em símbolos romanos: _____

Alguns símbolos, quando colocados à esquerda de outro de maior valor, devem ser subtraídos. Isso acontece quando:

- **I** vem à esquerda de **V** ou **X**;
- **X** vem à esquerda de **L** ou **C**.
- **C** vem à esquerda de **D** ou **M**;

XC	CD
100 − 10 = 90	500 − 100 = 400
IV	CML
5 − 1 = 4	1 000 − 100 + 50 = 950

DESAFIO

Troque de posição um só palito para formar uma igualdade verdadeira.

18 Dezoito

4 Escreva com algarismos arábicos:

a) IX _____
b) XIV _____
c) XL _____
d) XCI _____
e) CDV _____
f) CM _____

5 Represente os números a seguir, com símbolos romanos:

a) 42 ⟶ _____
b) 21 ⟶ _____
c) 1 450 ⟶ _____
d) 140 ⟶ _____

6 Lucas nasceu em 1978 e seu irmão Jaime nasceu 9 anos depois.

a) Qual das representações corresponde ao ano de nascimento de Jaime?

☐ MCMLXXXVII   ☐ MDCCCLXXXVII

☐ MCMLXXVIII   ☐ MCMLXVII

b) Dos números representados no item anterior, qual é o menor?
_____

c) Escreva o antecessor e o sucessor desse número usando símbolos romanos.

• Antecessor: _____

• Sucessor: _____

7 Descubra o segredo de cada sequência e complete-a com símbolos romanos.

a) III, VII, XI, XV, _____, _____, _____, XXXI

b) V, X, XV, XX, _____, _____, _____, XL

c) DCCC, DCC, _____, _____, _____, _____, _____, C

d) XVIII, XIX, XX, _____, _____, _____, XXIV

e) XLVI, XLVII, _____, _____, _____, _____, LII

8 Os relógios representados ao lado marcam os horários de saída e de chegada de uma viagem que Noêmia fez de carro da capital de São Paulo até o Rio de Janeiro.

Horário de saída.   Horário de chegada.

a) Qual foi o horário de:

- saída? _____
- chegada? _____

b) Qual foi a duração dessa viagem? _____

9 Observe os números representados a seguir:

XI e IX   **CXX e XC**

a) Qual é o maior número de cada quadro? _____ e _____

b) Os números de cada quadro são formados pelos mesmos símbolos romanos. Por que eles representam números diferentes?

_____
_____

CURIOSIDADES

Os símbolos romanos são colocados depois do nome de imperadores, reis, rainhas e papas para que, no caso de duas ou mais dessas pessoas compartilharem o mesmo nome, elas possam ser diferenciadas. Encontramos exemplos desses usos em citações como estas a seguir.

O reinado de **D. Pedro II** compreende os anos de 1831 a 1840 e ficou conhecido como Período Regencial.

João XXIII foi eleito papa em 28 de outubro de 1958. O papa Francisco, 266º papa da Igreja Católica, só terá seu nome acrescido do ordinal "I" – primeiro em símbolos romanos – se um dia houver um papa Francisco II.

10. Três amigos estão comparando os valores em reais que possuem. Leia os diálogos.

a) Usando os símbolos dos sistemas de numeração indo-arábico, egípcio e romano, escreva a quantia que cada uma dessas crianças possui.

	Indo-arábico	Egípcio	Romano
Odair			
Carla			
Telma			

b) Em qual sistema de numeração foi mais fácil representar essas quantias? Justifique sua resposta. Depois, compare-a com a resposta de um colega. _____

11. Escreva usando os símbolos romanos:
   a) sua idade; _____
   b) o número de estudantes de sua turma; _____
   c) a data de seu nascimento. _____

2. MEDIDAS DE TEMPO

Os povos antigos sempre sentiram necessidade de medir e registrar a passagem do tempo. Desenvolveram e utilizaram diferentes tipos de calendários; o **calendário gregoriano** é o que usamos até os dias de hoje.

No calendário cristão (gregoriano), o marco inicial para a contagem e organização do tempo é o ano do nascimento de Jesus Cristo. Todo acontecimento histórico que vier antes do nascimento de Cristo é indicado por **a.C.** – antes de Cristo –, e o que aconteceu depois é indicado por **d.C.** – depois de Cristo.

Os anos são formados por 12 meses, constituídos de 30 ou 31 dias, com exceção de fevereiro, que tem 28 dias ou 29 dias nos anos bissexto.

- Por que o calendário que usamos é um calendário cristão?
- Como seria indicado um fato histórico que ocorresse 1 000 anos antes do nascimento de Cristo?
- No calendário que usamos, que meses têm 31 dias?
- O ano de 2021 é bissexto?
- Além do calendário, que outros instrumentos você usa para medir a passagem do tempo?

UNIDADES DE MEDIDAS DE TEMPO

> Considerando o calendário que usamos, quando precisamos falar em períodos de tempo maiores que um ano, podemos usar termos como **biênio** (2 anos), **década** (10 anos), **século** (100 anos) e **milênio** (1000 anos).

1 Complete:

a) Um milênio tem _____ séculos e _____ décadas.

b) Um século tem _____ décadas.

2 Você já viveu mais de uma década?

_____

3 Brasília é a capital da República Federativa do Brasil e foi inaugurada em 21 de abril de 1960, pelo então presidente Juscelino Kubitschek. Desde sua inauguração, já se passaram mais de um século ou menos de um século?

_____

4 Ao longo de sua história, o Brasil teve três diferentes capitais: Salvador (BA): 1549; Rio de Janeiro (RJ): 1763; Brasília (DF): 1960.

Decomponha essas datas como no exemplo:

1960	1 000 + 900 + 60
1763	
1549	

5 O 1º milênio teve início no ano 1 e terminou no ano 1000.

a) Em que ano começou o:

- 2º milênio? _____
- 3º milênio? _____

b) Em que ano terminou o 2º milênio? _____

6 A década de 1980 começou em 1981 e terminou em 1990.

a) Em que ano começou a década de:

- 2000? _____
- 1790? _____

b) Em que ano terminou a década de:

- 1560? _____
- 1820? _____

c) Em que década estamos? _____

- Quando esta década começou? _____
- E quando vai terminar? _____

7 Dois biênios correspondem a quantos anos? _____

8 Todas as pessoas têm um dia especial...
Joaquim nasceu no dia 6 de setembro de 2014.

Comemorei meu último aniversário com a família e alguns amigos.

a) Em que dia, mês e ano você nasceu? _____

b) O mês em que você nasceu faz parte do primeiro ou do segundo semestre do ano? _____

c) Incluindo o mês de seu aniversário, quantos meses faltam para terminar o ano? _____

9 No dia 5 de junho, comemoramos o Dia do Meio Ambiente.

a) Em que semestre, trimestre e bimestre do ano esse dia é comemorado?

- Semestre: _____
- Trimestre: _____
- Bimestre: _____

b) Neste ano, em que dia da semana é comemorado o Dia do Meio Ambiente?

_____

c) Por que foi criado o Dia do Meio Ambiente?

Converse com os colegas e registre as ideias no espaço a seguir.

_____
_____
_____

10 Marina colocou as cartelas representadas a seguir em uma caixa e, sem olhar, vai retirar uma para saber o dia da semana em que irá ao museu.

domingo	segunda-feira	terça-feira
quarta-feira	quinta-feira	sexta-feira
	sábado	

É mais provável que o dia da semana sorteado comece com a letra **s**, com letra **q** ou com a letra **d**?

_____
_____
_____

HORAS, MINUTOS E SEGUNDOS

Para medir intervalos de tempo mais curtos usamos relógios.

Com os relógios atuais podemos medir com bastante precisão as horas, os minutos e os segundos.

Relógio digital.　　　　Relógio analógico.　　　　Relógio de telefone celular.

- Que horário o relógio digital está marcando?
- E o celular, está marcando que horário?
- Para que atividades do dia a dia você costuma consultar as horas?

Usamos o símbolo **h** para indicar horas, **min** para minutos e **s** para segundos.

1 Observe o relógio analógico acima.

a) Esse relógio tem quantos ponteiros?

_____

b) Que ponteiro gira mais rápido? E mais devagar? Explique por quê.

_____
_____
_____
_____

26 Vinte e seis

② Este outro tipo de relógio não tem ponteiros: é um relógio digital.

a) Nesse relógio, o que representa o número:

- 13? _____
- 11? _____
- 05? _____

b) Que horário o relógio marca?

_____

③ Escreva as horas indicadas pelos relógios.

a)    b)    c)

_____   _____   _____

_____   _____   _____

④ Observe o relógio ao lado.

a) Que horas ele marca?

_____

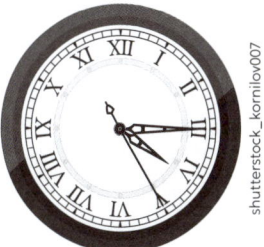

b) Que horas serão se passarem mais:

- 25 segundos? _____
- 20 minutos? _____
- 2 horas? _____

Em muitas atividades esportivas, o tempo é marcado em segundos.

O cronômetro é um tipo de relógio muito usado para verificar a duração do percurso feito por atletas. Ele inicia do zero, é acionado na largada do atleta e parado quando ele finaliza a prova, indicando o tempo total de duração do percurso.

5 Carlos está treinando para um campeonato de natação de seu clube, e o técnico usa o cronômetro para marcar o tempo que ele faz a cada percurso.

a) O que o nadador constatou a respeito da duração do percurso que fez na semana passada em relação à duração do mesmo percurso que acabou de completar?

_____

b) Na semana anterior, Carlos havia completado o percurso em 2 minutos. Em quantos segundos ele completou o percurso?

_____

c) Qual foi a diferença, em segundos, entre os dois treinos?

_____

6 Meça quanto tempo você leva para:

a) dar 20 passos; _____

b) contar de 1 até 50; _____

c) falar 10 vezes seu nome; _____

d) escrever 10 vezes a palavra tempo; _____

e) abrir e fechar a mão cinco vezes. _____

7 Complete as frases de acordo com a unidade de tempo indicada:

a) Uma partida de futebol, sem contar o intervalo, dura _____ minutos.

b) Costumo levar _____ minutos no banho.

c) Nas férias durmo em média _____ horas por dia.

d) Faço o trajeto de casa até a escola em, aproximadamente, _____ minutos.

8 Calcule como preferir e registre no quadro a duração de cada viagem, de acordo com as informações. Troque ideias com os colegas e o professor sobre os resultados obtidos.

Duração da viagem de ônibus São Paulo-Uberaba (MG)		
Partida	Previsão de chegada	Duração
8:00	16:20	
12:00	20:00	
14:00	22:55	
18:00	1:40	
20:00	3:20	

9 Complete:

a) 2 h = _____ min

b) 4 min = _____ s

c) 80 min = _____ h + _____ min

d) 90 s = _____ min + _____ s

3. PRISMAS E PIRÂMIDES

As pirâmides do Egito, construídas para serem túmulos dos faraós e da família real, são algumas das maiores descobertas arqueológicas da humanidade. Elas parecem com o formato de uma figura geométrica espacial.

Pirâmides de Gizé, no Egito.

- O formato das faces laterais das pirâmides parecem com uma figura geométrica plana. Que figura é essa?
- Quais objetos você conhece que parecem ter o formato de pirâmide?
- Que figura geométrica compõe a planificação da superfície de uma pirâmide de base triangular?

Poliedros são sólidos geométricos constituídos por um número finito de polígonos, que possuem cada um de seus lados em comum com só um lado de outro polígono, juntamente com a região delimitada por esses polígonos. Prismas e pirâmides são exemplos de poliedros.

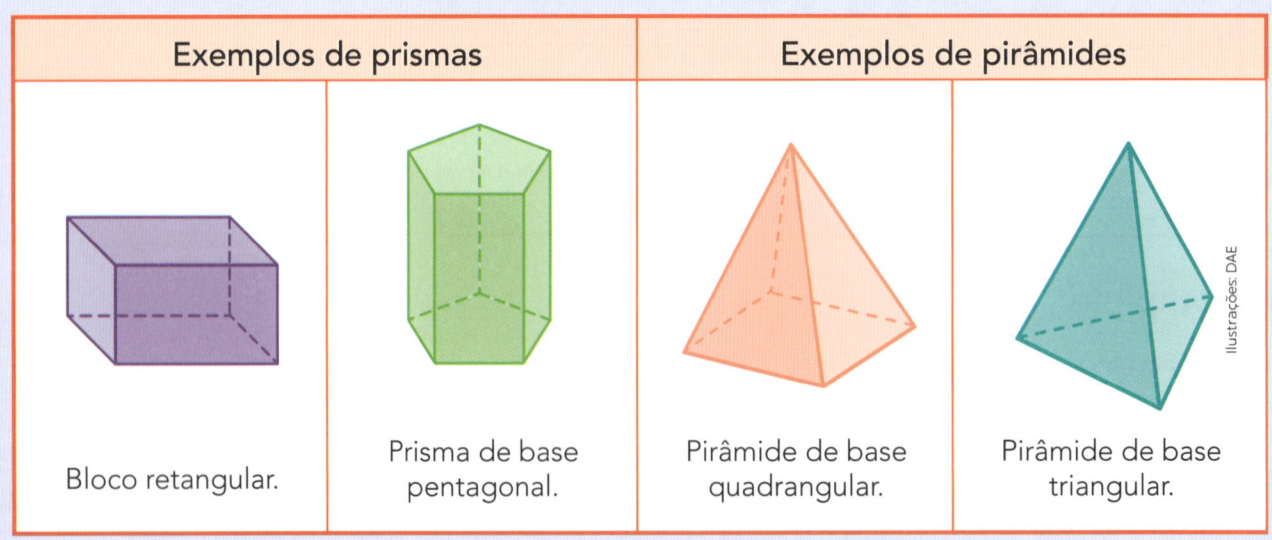

Exemplos de prismas		Exemplos de pirâmides	
Bloco retangular.	Prisma de base pentagonal.	Pirâmide de base quadrangular.	Pirâmide de base triangular.

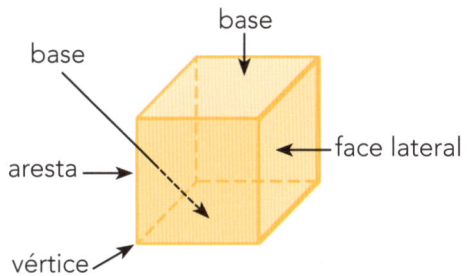

O prisma é reto se as faces laterais formam ângulos retos com a base.

1 Responda:

a) O cubo tem quantos vértices? _____

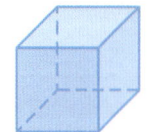

b) A pirâmide de base triangular tem quantas arestas? _____

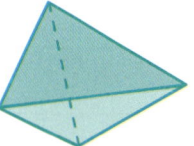

2 Luana e Pedro construíram representações de poliedros usando palitos e bolinhas de isopor.

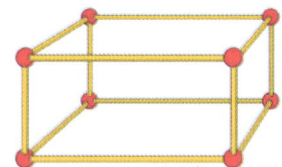

Veja como ficou a representação do poliedro que Luana fez.

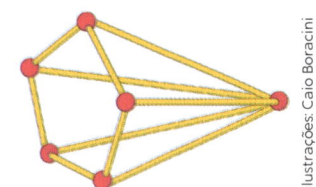

Esta é a representação do poliedro que Pedro fez.

a) Os objetos construídos por Luana e Pedro se parecem com a forma de quais poliedros? _____

b) Complete o quadro com informações a respeito dos poliedros construídos.

Poliedros representados	Número de faces	Número de vértices	Número de arestas

c) O que diferencia as faces do poliedro que Pedro construiu das faces do poliedro que Luana construiu?

_____

_____

Trinta e um

Os poliedros podem ter diferentes formas de base: triangulares – quando formadas por triângulos; quadrangulares – quando suas bases são quadrangulares; pentagonais – quando formadas por pentágonos, e assim por diante.

3 Compare os poliedros ao lado.

a) As formas das bases são iguais ou diferentes? Por quê?

_____

_____

Prisma.   Pirâmide.

b) Complete o quadro a seguir:

	Prisma	Pirâmide
Número total de faces		
Número de faces laterais		
Número de bases		
Número de vértices		
Número de arestas		

4 Observe a pirâmide ao lado.

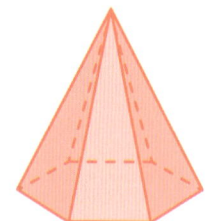

a) Qual é a forma de sua base? _____

b) Qual é o total de:

• arestas? _____   • vértices? _____   • faces laterais? _____

5 Assinale com **X** a afirmativa verdadeira.

a) ☐ O total de arestas de uma pirâmide é igual ao dobro do número de arestas de sua base.

b) ☐ O número de arestas que se encontram em cada vértice de um prisma é sempre igual ao número de arestas da base.

PLANIFICAÇÕES

A superfície de prismas e pirâmides é formada por figuras geométricas planas, que são suas faces. As planificações correspondem a essas superfícies representadas no plano. Veja algumas:

- **Prisma de base triangular**

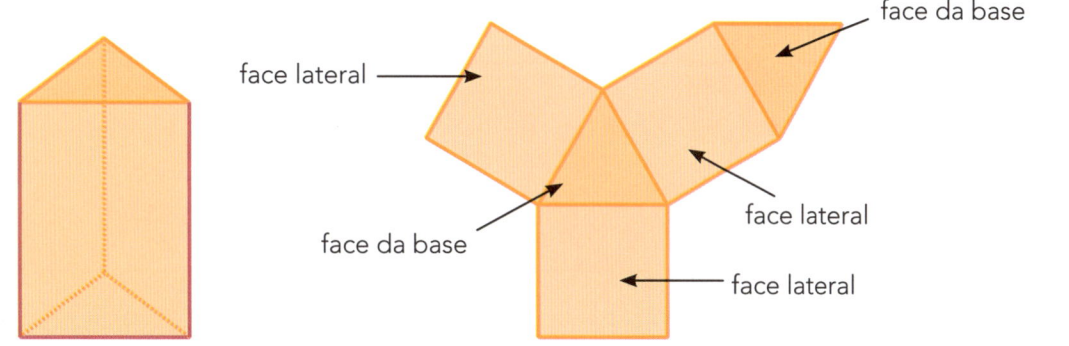

- **Pirâmide de base quadrangular**

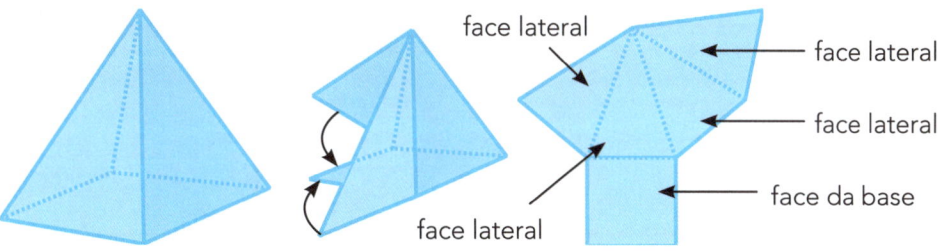

1) Responda:

a) O prisma de base triangular tem:
- quantas faces? _____
- quantas arestas? _____
- quantos vértices? _____

b) A pirâmide de base quadrangular tem:
- quantas faces? _____
- quantas arestas? _____
- quantos vértices? _____

2 Observe as faces dos poliedros do quadro abaixo.

a) Complete o quadro com a quantidade de cada figura que forma as faces dos poliedros indicados.

Poliedros	Número de faces com forma de:		
	▢	▭	△
cubo			
paralelepípedo			
prisma triangular			
pirâmide triangular			
pirâmide pentagonal			

b) As faces laterais das pirâmides são sempre formadas por:

☐ quadrados.   ☐ triângulos.   ☐ retângulos.

c) Um prisma de base pentagonal pode ter faces laterais quadradas?

_____

3 Indique abaixo de cada poliedro a letra que corresponde à sua planificação. Depois, monte as planificações do **Material de apoio** que estão nas páginas 255 a 261.

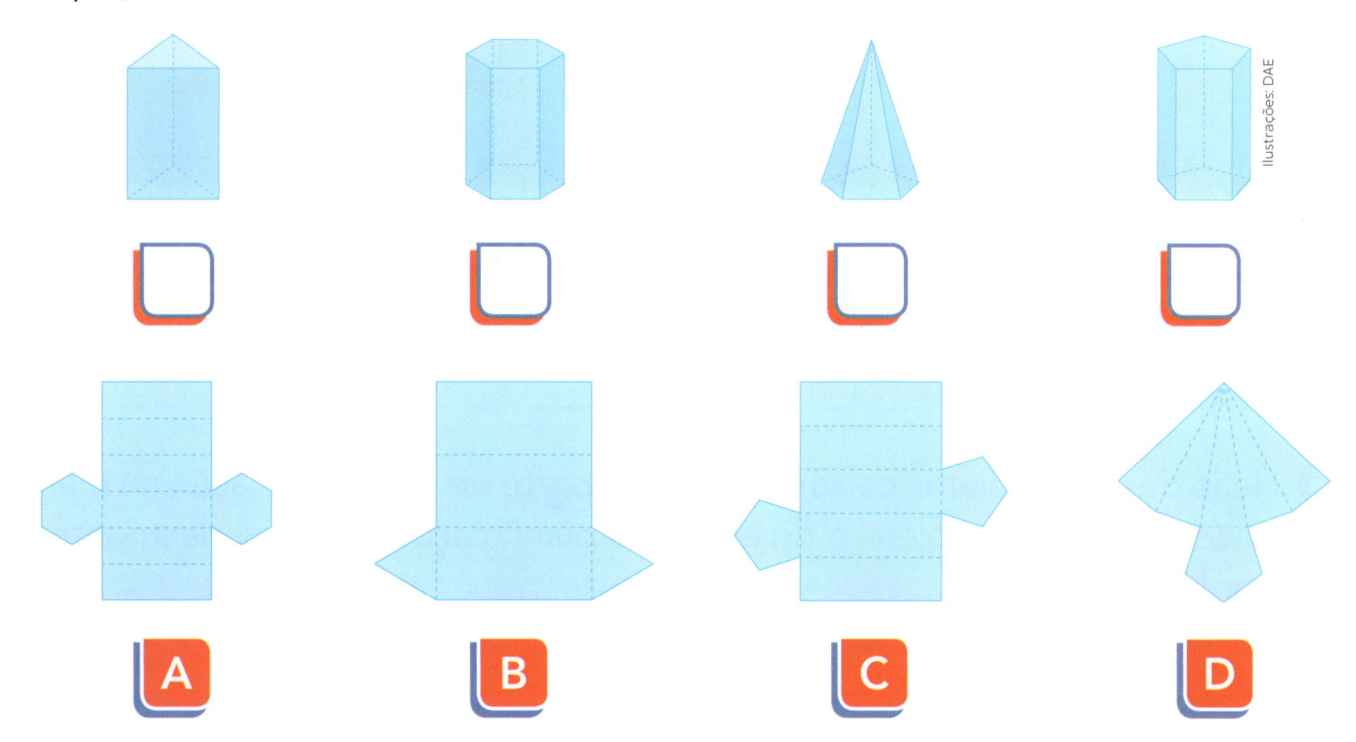

A   B   C   D

4 Em cada planificação a seguir, escreva números iguais nos lados das faces que vão formar a mesma aresta após a montagem dos poliedros.

5 Com quais planificações a seguir podemos montar um cubo?

A   B   C   D

Resposta: _____

6 Hélio desmontou uma caixa e desenhou parte de sua planificação na malha quadriculada. Complete o desenho da planificação da caixa desmontada por Hélio.

a) A caixa que Hélio desmontou tem:

- quantos vértices? _____
- quantas faces? _____
- quantas arestas? _____

b) Essa caixa parece com o formato de que poliedro: prisma ou pirâmide? Justifique sua resposta.

_____
_____
_____

QUE TAL VER DE NOVO?

1) Em qual das alternativas está representado o número 1210?

a) ☐ 𒁹 ∩ ℰ ℰ

b) ☐ ≡

c) ☐ MCCXII

d) ☐ 𒁹 ℰ ℰ

2) Edith nasceu no ano de 1947. Qual das alternativas a seguir representa a data do nascimento de Edith em símbolos romanos?

a) ☐ MCMLXXXVII

b) ☐ MCMXLVII

c) ☐ MCMLXXX

d) ☐ MMCMXLII

3) Observe a quantidade representada no ábaco abaixo.
Qual das alternativas indica essa quantidade com símbolos romanos?

a) ☐ DXCVII

b) ☐ DCLXXXVII

c) ☐ DCCLXXXVII

d) ☐ DCCCLXXXVII

4) Veja o horário indicado no relógio. Que horário esse relógio marcará depois de 15 minutos?

a) ☐ 12h55min5s

b) ☐ 13h

c) ☐ 13h05min5s

d) ☐ 13h50min5s

5 No ano 2000, Alberto estava com 9 anos e Cláudia, a irmã dele, com 12 anos. Se nesse mesmo ano a mãe deles estava com 35 anos e o pai com 38 anos, qual era a idade dos pais deles quando Alberto nasceu?

a) ☐ A mãe tinha 27 anos e o pai 30 anos.

b) ☐ O pai tinha 29 anos e a mãe 26 anos.

c) ☐ O pai tinha 30 anos e a mãe 27 anos.

d) ☐ O pai tinha 29 anos e a mãe 32 anos.

6 Tatiane saiu de casa às 13h45min e retornou às 18h45min. Por quanto tempo ela permaneceu fora de casa nesse dia?

a) ☐ 5 horas e 50 minutos

b) ☐ 5 horas e 40 minutos

c) ☐ 5 horas e 25 minutos

d) ☐ 5 horas

7 Quais das figuras geométricas a seguir representam pirâmides?

A

C

E

B

D

F

Assinale a alternativa correta.

a) ☐ C e D.

b) ☐ D e E.

c) ☐ B e F.

d) ☐ A e F.

8 Qual das alternativas a seguir apresenta formas geométricas planas em quantidade suficiente para montar a planificação do poliedro ao lado?

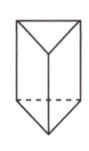

a) ☐ (2 triângulos, 2 retângulos)

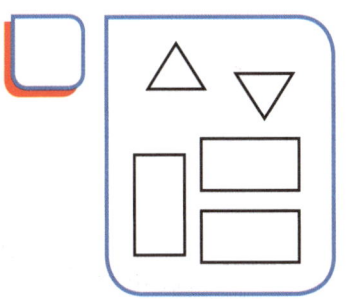

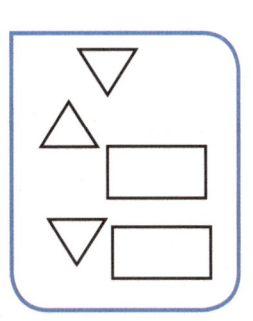

b) ☐ (1 losango, 1 quadrado, 3 retângulos)

c) ☐ (3 triângulos, 2 retângulos)

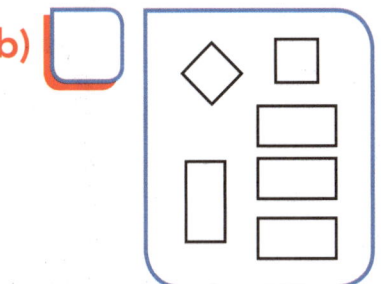

d) ☐ (2 quadrados, 2 retângulos)

9 Assinale a alternativa correta.

As pirâmides do Egito foram construídas há cerca de 2 700 anos, isto é, há cerca de:

a) ☐ 17 séculos.

b) ☐ 27 séculos.

c) ☐ 37 séculos.

d) ☐ 7 séculos.

10 O funcionário de uma transportadora quer colocar uma etiqueta com a indicação FRÁGIL em todas as faces da caixa ao lado.

De quantas etiquetas ele vai precisar?

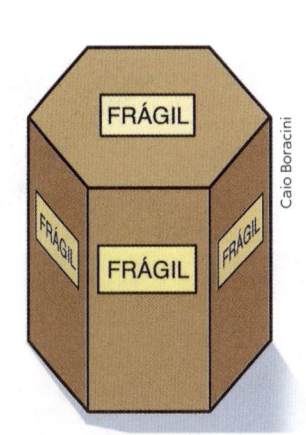

a) ☐ 5

b) ☐ 6

c) ☐ 7

d) ☐ 8

UNIDADE 2
DIFERENTES LUGARES

Por meio da previsão do tempo, muitas decisões importantes são tomadas para a agricultura, os transportes e para alertar a população em caso de fenômenos meteorológicos severos.

As condições do tempo em um mesmo período podem variar de um lugar para o outro.

https://previsaodotempo.com.br/estadosdobrasil

Aracaju, SE - 30/11/2020
Temperatura máxima: 31° C
Temperatura mínima: 25° C
Umidade máxima: 65%
Umidade mínima: 45%

Brasília, DF - 30/11/2020
Temperatura máxima: 28° C
Temperatura mínima: 15° C
Umidade máxima: 90%
Umidade mínima: 35%

Alegre, RS - 30/11/2020
Temperatura máxima: 28° C
Temperatura mínima: 22° C
Umidade máxima: 85%
Umidade mínima: 60%

João Pessoa, PB - 30/11/2020
Temperatura máxima: 32° C
Temperatura mínima: 23° C
Umidade máxima: 90%
Umidade mínima: 45%

RODA DE CONVERSA

1. Esta previsão do tempo se refere a quais cidades?
2. Nesse dia, que cidade atingiu a temperatura mais elevada?
3. Qual foi a diferença entre a temperatura máxima e mínima em Aracaju?
4. Você já precisou consultar a previsão do tempo? Conte como foi e onde você buscou a informação.

1. MEDIDAS DE TEMPERATURA

Leia esta notícia e converse com os colegas.
Correio Braziliense

Novo recorde de temperatura: DF deve registrar 36 °C nesta sexta

O Distrito Federal não tem praia, mas o brasiliense precisa sair de casa nesta sexta-feira (20/9) como se estivesse indo pegar um bronze na beira do mar. Isso porque a capital terá mais um recorde de temperatura máxima, com termômetros chegando a alcançar os 36 °C. Então é hora de caprichar no protetor solar, abastecer a garrafa-d'água e tirar do guarda-roupa as peças mais leves possíveis. [...]

Ponte JK e o Lago Paranoá ao pôr do sol. Brasília, Distrito Federal, 2010.

Alan Rios. Novo recorde de temperatura: DF deve registrar 36 °C nesta sexta. *Correio Brasiliense*, Brasília, DF, 20 set. 2019. Disponível em: https://www.correiobraziliense.com.br/app/noticia/cidades/2019/09/20/interna_cidadesdf,783393/novo-recorde-de-temperatura-df-deve-registrar-36-c-nesta-sexta.shtml. Acesso em: 14 dez. 2020.

- Em que dia, mês e ano essa notícia foi veiculada?
- Por que esse dia teve mais um recorde de temperatura máxima?
- Na região em que você mora as temperaturas variam muito durante o ano?
- Como as pessoas podem saber a temperatura em suas cidades?

A unidade de medida de temperatura usada no Brasil é o **grau Celsius** (**°C**), nome dado em homenagem ao astrônomo sueco Anders Celsius.
O instrumento que mede a temperatura chama-se **termômetro**.

1 Há vários tipos de termômetro, veja os exemplos a seguir.

Termômetros de ambiente

Termômetro de rua.

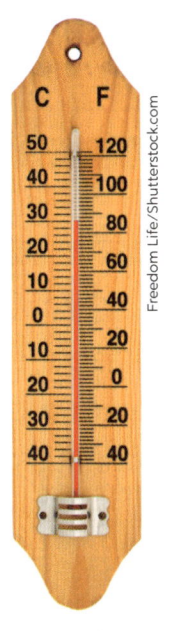

Termômetro de interiores.

Termômetros do corpo

Sua temperatura é 38 °C.

Sua temperatura está um pouco abaixo de 37 °C.

- Em que situações os termômetros estão sendo utilizados?
- Como você lê as medidas de temperatura que aparecem nos termômetros de ambiente?

   a) A temperatura normal do corpo humano varia entre 36 °C e 37 °C. A temperatura de 37 °C ou mais indica que a pessoa está com febre. Alguma das crianças está com febre? Se sim, indique a temperatura dela.

2 Há situações em que os termômetros são usados para manter regularidade na temperatura, como no exemplo desta foto.

Forno doméstico.

a) Qual é a temperatura desse forno?

_____

b) Que outros exemplos de situações como essa você pode dar?

_____

3 Uma escola estava programando uma viagem com os estudantes para conhecer Brasília. Para saber como estaria o tempo no período da viagem que seria de 5 dias, a partir de 01/11/2019, foi feita uma consulta à previsão do tempo e obteve-se as informações a seguir.

Temperaturas mínimas e máximas previstas para Brasília		
Data	Temperatura mínima (em °C)	Temperatura máxima (em °C)
01/11/2019	18	33
02/11/2019	20	32
03/11/2019	21	30
04/11/2019	21	30
05/11/2019	22	31

Fonte: Previsão para 15 dias – Brasília, DF. *Climatempo*, São Paulo, 2019. https://www.climatempo.com.br/previsao-do-tempo/15-dias/cidade/61/brasilia-df. Acesso em: 20 out. 2019.

a) A tabela indica a previsão das temperaturas mínimas e máximas de Brasília (DF) em que datas? _____

b) Em que dia estava prevista a temperatura mais elevada? Qual é essa temperatura? _____

c) Na previsão para esse período, em que dia a temperatura mínima atingirá menos de 20 °C? _____

d) Qual é a diferença em graus Celsius prevista entre a temperatura máxima e a mínima no dia 4 de novembro?

_____

OLHANDO PARA O MUNDO

A IMPORTÂNCIA DA METEOROLOGIA

[...]
Por meio da meteorologia são feitas as previsões do tempo que vemos na TV todos os dias, além do estudo do clima de uma região.

[...]
Essas informações, que são elaboradas a partir do comportamento da atmosfera, com o uso de equações e muita matemática, são essenciais para quem vai sair de casa e não quer ser pego desprevenido. Afinal, é muito ruim achar que vai fazer sol e pegar aquela chuva, não é mesmo?

É isso aí. As condições do tempo influenciam as várias atividades que fazem parte do dia a dia: nossas viagens (terrestres, aéreas e marítimas), aulas ou festas ao ar livre, e também o plantio e a colheita de alimentos, entre outras coisas. Só que, nesses momentos, a gente nem lembra que existem técnicos altamente especializados, observadores e cientistas que, apoiados pela moderna tecnologia, trabalham para pesquisar e prever as condições do tempo que vamos enfrentar. Legal é que o serviço dos meteorologistas muitas vezes salva vidas, no caso da previsão de tempestades, nevascas e tornados, por exemplo. [...]

Monitoramento de furacão e tufão por satélite posicionado na órbita terrestre. Imagem montada com elementos fornecidos pela Nasa.

A importância da meteorologia. *Plenarinho*, Brasília, DF, 10 jan. 2017. Disponível em: https://plenarinho.leg.br/index.php/2019/03/importancia-da-meteorologia/. Acesso em: 14 dez. 2020.

1 Qual é a importância da previsão do tempo na vida das pessoas?

2 Como os meteorologistas realizam seu trabalho?

2. A ORDEM DOS MILHARES

Mariana mora em Teresina, no estado de Piauí, e sua avó mora em uma cidade chamada Bonito, no estado de Mato Grosso do Sul. Mariana pesquisou na internet a distância entre essas duas cidades.

A distância rodoviária de minha cidade até Bonito, no Mato Grosso do Sul, é 3 157 quilômetros.

- Essa distância é representada por um número de quantos algarismos?
- Qual é a função desse número?
- Se trocássemos o algarismo 7 de lugar com o algarismo 3, a distância ficaria a mesma? Justifique sua resposta.

1) Escreva o número 3 157 no quadro de ordens e complete a decomposição.

4ª ordem	3ª ordem	2ª ordem	1ª ordem
UM	C	D	U

→ 1ª ordem: _____ unidades

→ 2ª ordem: _____ × 10 = _____ unidades

→ 3ª ordem: _____ × 100 = _____ unidades

→ 4ª ordem: _____ × 1000 = _____ unidades

3 157 = _____ + _____ + _____ + _____

2 Observe e complete:

UM	C	D	U
3	0	0	0

3 milhares   30 centenas

300 dezenas

3 000 unidades

UM	C	D	U
5	0	0	0

5 milhares _____

_____

_____

UM	C	D	U
7	0	0	0

7 milhares _____

_____

_____

UM	C	D	U
8	0	0	0

8 milhares _____

_____

_____

3 Podemos decompor o número 1285 assim:

1285 = 1 000 + 200 + 80 + 5

1285 = 12 × 100 + 85 × 1

1285 = 128D + 5U

a) Decomponha o número 7 643 de três maneiras diferentes.

_____

_____

b) Escreva como se lê esse número.

_____

4 Componha os números abaixo e descubra a altura aproximada, em metros, de cada um desses picos do Brasil.

a) Pico da Neblina (AM): 2UM + 99D + 5U = _____

b) Pico da Bandeira (MG/ES): 2 000 + 800 + 90 + 1 = _____

5 Arredondar ou obter o valor aproximado de um número, significa trocá-lo por outro mais próximo de uma ordem escolhida.

Por exemplo:

A unidade de milhar mais próxima de 2 835 é 3 000, e a mais próxima de 4 300 é 4 000.

Arredonde os números a seguir para a unidade de milhar mais próxima.

a) 1 785: _____ b) 3 204: _____ c) 6 897: _____

6 Escreva os números solicitados.

a) O maior número natural com três algarismos diferentes. _____

b) O menor número natural de três algarismos. _____

c) O maior número natural com quatro algarismos. _____

d) O menor número natural com quatro algarismos diferentes. _____

DESAFIO

Nas duas pilhas de tijolos representadas abaixo, os números foram escritos obedecendo a mesma regra de formação.

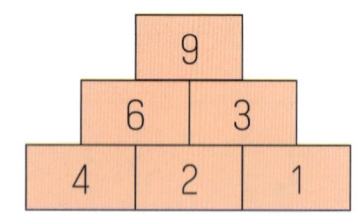

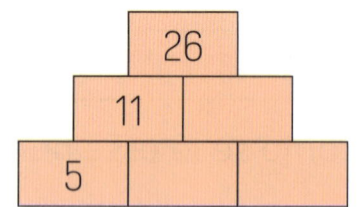

a) Qual foi a regra empregada para escrever esses números?
_____
_____

b) Complete o esquema inserindo os números que faltam.

DEZENA DE MILHAR

Observe no ábaco a representação do número 9999. Veja o que acontece se acrescentarmos 1 unidade a esse número.

Acrescentando 1 unidade às 9 unidades que já estão representadas no ábaco, teremos 10 unidades, que devem ser trocadas por 1 dezena.

Acrescentando 1 dezena às 9 dezenas que já estão representadas no ábaco, teremos 10 dezenas, que devem ser trocadas por 1 centena.

Acrescentando 1 centena às 9 centenas que já estão representadas no ábaco, teremos 10 centenas, que devem ser trocadas por 1 unidade de milhar.

Acrescentando 1 unidade de milhar às 9 unidades de milhar que já estão representadas no ábaco, teremos 10 unidades de milhar, que devem ser trocadas por 1 dezena de milhar.

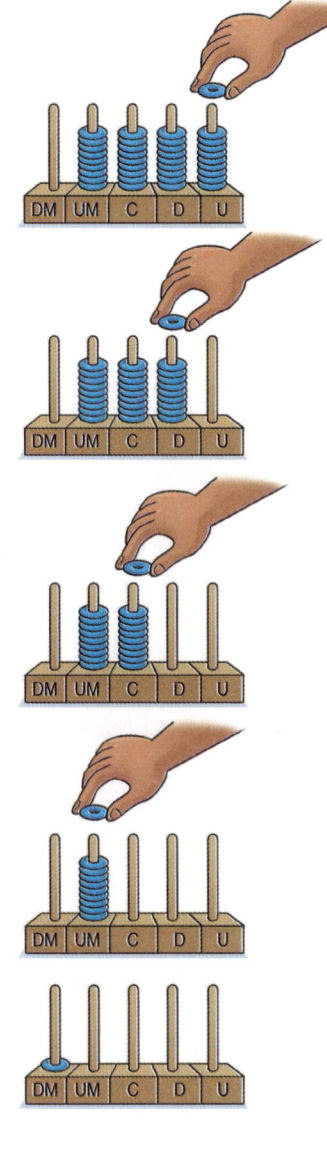

Chegamos, assim, à 5ª ordem do sistema de numeração decimal: a ordem das **dezenas de milhar**.

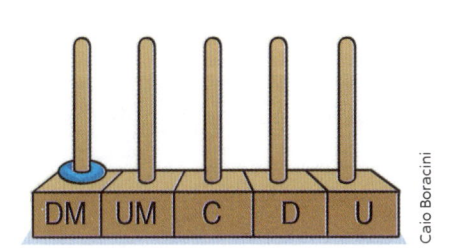

1 dezena de milhar
- 10 milhares
- 100 centenas
- 1 000 dezenas
- 10 000 unidades

Quarenta e nove

O avô de Rafael e Sara nasceu na cidade do Rio de Janeiro, mas mora em outra cidade. Sempre que pode, volta à sua terra natal.

> A última vez que eu e sua avó fomos ao Rio de Janeiro foi em 2016 durante os Jogos Olímpicos.

> Vovô, fizemos uma pesquisa na escola: 11 428 atletas participaram dessa olimpíada.

O número de atletas participantes dessa olimpíada está representado no quadro de ordens a seguir.

5ª ordem	4ª ordem	3ª ordem	2ª ordem	1ª ordem
Dezena de milhar DM	Unidade de milhar UM	Centena C	Dezena D	Unidade U
1	1	4	2	8

1) Sobre o número acima, responda:

a) É formado por quantos algarismos? _____

b) Que algarismo ocupa a ordem das dezenas? Qual é o valor posicional desse algarismo? _____

c) O algarismo 4 ocupa que posição nesse número?
_____

d) Qual é o algarismo cujo valor posicional corresponde a 1 000 unidades?
_____

e) Qual é o algarismo que ocupa a ordem da dezena de milhar? Qual é o valor posicional desse algarismo? _____

f) Como lemos esse número? _____

2 Apresente duas possibilidades para decompor o número 11 428.

_____

_____

_____

3 Observe a tabela que mostra o número de atletas que participaram de olimpíadas de 2004 a 2016.

Atletas participantes de olimpíadas		
Ano	Cidade – sede	Total de atletas
2004	Atenas (Grécia)	10 625
2008	Pequim (China)	10 942
2012	Londres (Inglaterra)	10 519
2016	Rio de Janeiro (Brasil)	11 428

Dados organizados pelos autores.

a) As olimpíadas são realizadas de quantos em quantos anos?

_____

b) Em que ano e local houve a menor participação de atletas, de acordo com a tabela? Quantos atletas participaram?

_____

c) Escreva os números que representam o total de atletas em ordem crescente. _____

4 Leia o número representado no ábaco.

a) Escreva esse número. _____

b) Qual é o algarismo das dezenas de milhar? Qual é seu valor posicional?

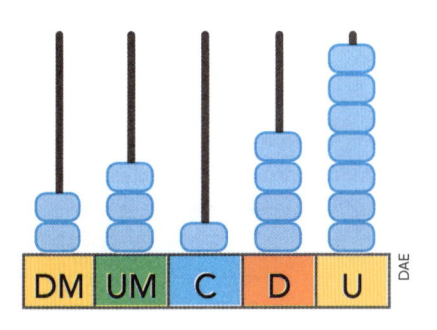

_____

c) Quantas ordens tem esse número? _____

Cinquenta e um

UM POUCO DE HISTÓRIA

ACONTECEU EM ATENAS

Os primeiros Jogos Olímpicos da Era Moderna aconteceram em Atenas, na Grécia, no período de 6 a 15 de abril de 1896. Duzentos e quarenta atletas representaram quatorze países em nove modalidades esportivas.

As olimpíadas da era moderna foram um marco para que o evento se fortalecesse com o passar dos anos. O Rio de Janeiro foi a cidade sede dos Jogos Olímpicos de 2016.

A cerimônia de abertura dos Jogos Olímpicos foi realizada em 5 de agosto de 2016 e o encerramento se deu em 21 de agosto do mesmo ano. Participaram dessa olimpíada 11 238 atletas entre homens e mulheres, representando 207 países.

Estádio Olímpico Panathenaic, em Atenas, durante os Jogos Olímpicos de 1896.

Fonte: Comitê Olímpico Internacional. Lausanne, c2020. Disponível em: www.rio2016.com/. Acesso em: 22 jan. 2021.

- Em que ano aconteceram os primeiros Jogos Olímpicos da Era Moderna? Esse número tem quantos algarismos? _____
- Quantos anos se passaram desde os primeiros Jogos Olímpicos da Era Moderna até o ano em que estamos? _____
- Pesquise fotos de estádios atuais. Comparando o estádio da foto acima com os estádios atuais, o que você observa?

_____
_____
_____
_____
_____

5 Escreva os números 34 871 e 19 603 no quadro de ordens a seguir.

DM	UM	C	D	U

Para cada número registrado escreva como se lê e uma forma de decomposição.

a) 34 871
- Lê-se: _____
- Decomposição:

_____

_____

b) 19 603
- Lê-se: _____
- Decomposição:

_____

_____

6 Usando algarismos, escreva:

a) Vinte e dois mil quinhentos e setenta e um. _____

b) Oitenta mil e oito. _____

c) Cinquenta e sete mil e quarenta e um. _____

7 Escreva o antecessor e o sucessor dos números.

a) _____, 26 999, _____   c) _____, 75 010, _____

b) _____, 39 860, _____   d) _____, 92 749, _____

8 Para facilitar a leitura de um número, por exemplo, 27 000, ele pode ser escrito assim: 27 mil. Essa escrita utiliza algarismos e a palavra **mil**.

Agora escreva os números a seguir usando algarismos e palavras.

a) 9 000 _____   c) 15 000 _____

b) 78 000 _____

9 O professor pediu à turma que comparasse os números 15 879 e 15 897, usando os símbolos > **(maior que)**, < **(menor que)** ou = **(igual a)**. Pedro escreveu: 15 897 > 15 879 e Joana escreveu: 15 879 < 15 897.

a) Quem está certo? Justifique.

_____

_____

b) Utilize o símbolo > para escrever os números abaixo na ordem decrescente.

| 4 578 | 209 | 1 081 | 55 004 |
| 191 | 34 780 | 2 030 | 706 |

_____

_____

10 A tabela mostra a população estimada de alguns municípios da Paraíba em janeiro de 2021 segundo o IBGE.

Complete a tabela com os arredondamentos desses números para a dezena de milhar mais próxima e para a unidade de milhar mais próxima.

População em alguns municípios da Paraíba em janeiro de 2021			
Município	População estimada	População aproximada para a dezena de milhar mais próxima	População aproximada para a unidade de milhar mais próxima
Cajazeiras	62 289		
Catolé do Rocha	30 684		
Queimadas	44 179		
Sapé	52 804		
Sousa	69 723		

Fonte: IBGE. *Panorama*. Rio de Janeiro: IBGE, [2010]. Disponível em: https://cidades.ibge.gov.br/brasil/panorama. Acesso em: 22 jan. 2021.

11 Complete os quadros de acordo com a adição ou subtração indicada.

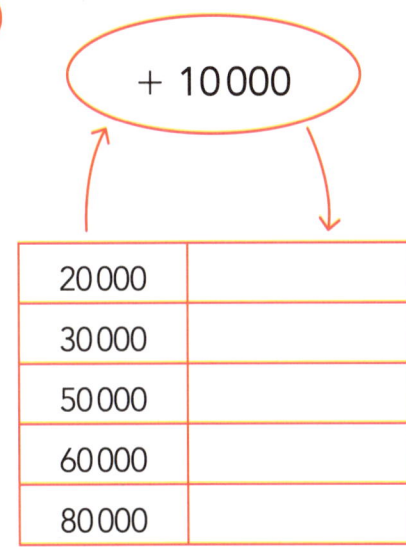

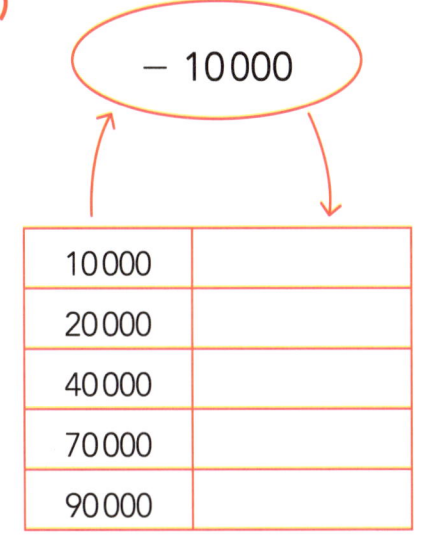

a) + 10 000

20 000	
30 000	
50 000	
60 000	
80 000	

b) − 10 000

10 000	
20 000	
40 000	
70 000	
90 000	

12 Leia os números colocados na reta numérica.

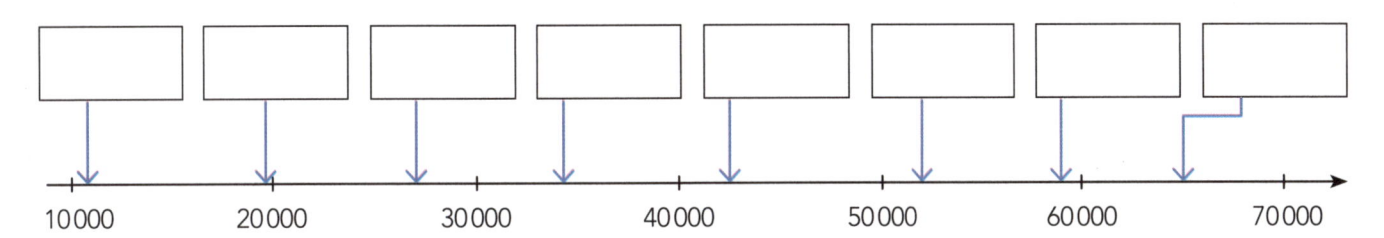

10 000 20 000 30 000 40 000 50 000 60 000 70 000

Escreva nas etiquetas cada número a seguir de acordo com sua localização na reta numérica.

| 52 000 | 27 000 | 42 500 | 59 000 | 34 200 | 11 400 | 65 000 | 19 600 |

13 Descubra a regra e complete a sequência numérica.

| 11 113 | 12 113 | 13 113 | | | | | | 19 113 |

O que acontece com os números dessa sequência?

_____
_____
_____
_____

Cinquenta e cinco

14 Digite as teclas necessárias para que apareça no visor da calculadora os números a seguir e registre a sequência das teclas que você usou:

a) o número 6, sem usar a tecla [6].

_____

b) o número 100, sem usar a tecla [1].

_____

c) o número 1 000, sem usar as teclas [1] e [5].

_____

d) o número 10 000, sem usar a tecla [1].

_____
_____

15 Pedro escreveu uma sequência usando a calculadora:

10 000, 9 400, 8 800, 8 200

a) Que regra Pedro usou para escrever a sequência?

_____
_____

b) Ele continuou a sequência até o décimo número. Qual é esse número?

_____

16 Marcela digitou o número 7 352 na calculadora e depois fez desaparecer os algarismos um a um, deixando o zero em seus lugares, subtraindo de 7 352 cada algarismo de acordo com seu valor posicional. Observe ao lado como ela fez.

Digite o número 9 748 na calculadora e em seguida faça como Marcela até ficar só o zero. Registre no caderno seu procedimento.

```
   7 3 5 2
 -     2
   7 3 5 0
 -     5 0
   7 3 0 0
 -   3 0 0
   7 0 0 0
 - 7 0 0 0
         0
```

3. RETAS, SEMIRRETAS E ÂNGULOS

Em visita à Brasília, Felipe foi conhecer a Ponte Juscelino Kubitschek, construída sobre o Lago Paranoá. Esta ponte projetada por Alexandre Chan e inaugurada em 2002 tem 1 200 metros de extensão.

Ponte Juscelino Kubitschek, Brasília, Distrito Federal, março de 2018.

- Se você fosse desenhar essa ponte onde usaria linhas retas e onde usaria linhas curvas?
- Há quantos anos essa ponte foi construída?
- O que você observa na estrutura da ponte?
  » Desenhe uma ponte como essa no espaço a seguir.

RETAS

Felipe está iniciando um desenho, inspirado nos detalhes da ponte que ele conheceu.

É sempre bom ter uma régua para desenhar uma reta.

A reta não tem extremidades, é ilimitada nos dois sentidos e indicada por qualquer letra minúscula do nosso alfabeto.
Podemos representar uma reta assim:

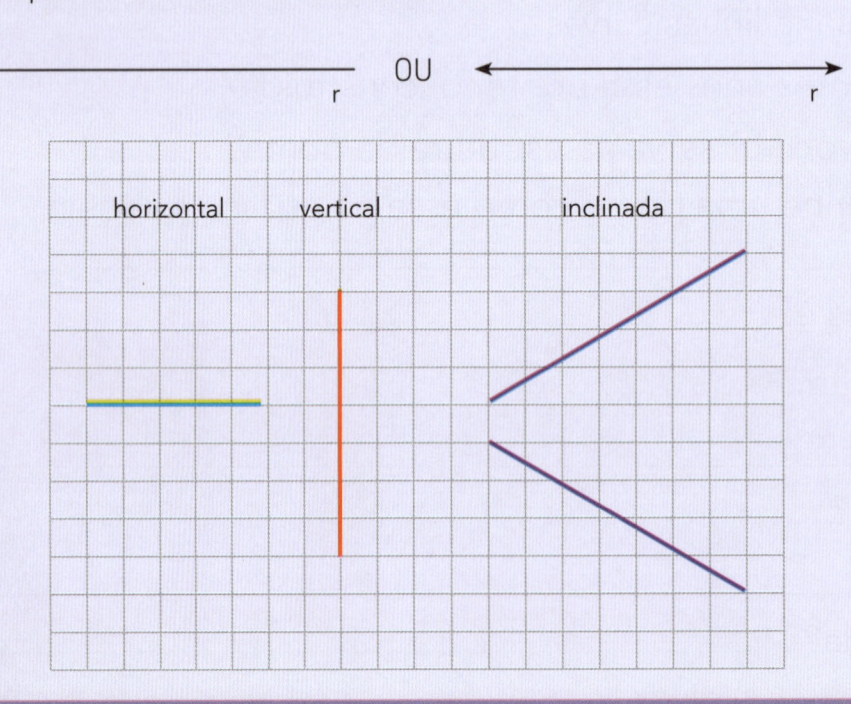

———————— OU ←————————→
r   r

horizontal   vertical   inclinada

SEMIRRETAS

Depois de traçar a reta, Felipe marcou nessa reta um ponto e dividiu-a em duas partes. Observe:

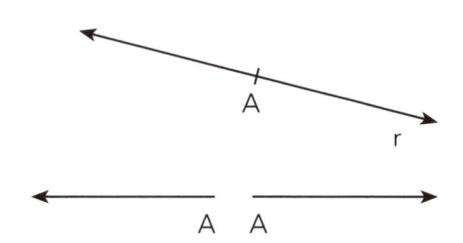

Qualquer uma das partes se chama **semirreta**. O ponto **A** é a origem dessas semirretas.

Se quisermos indicar uma semirreta que passe pelos pontos **A** e **B** podemos usar a notação: $\overrightarrow{AB}$.

1 Trace, em cada caso, a semirreta indicada.

a) $\overrightarrow{CD}$ b) $\overrightarrow{XY}$ c) $\overrightarrow{MN}$

Qual delas é:

- Horizontal?

_____

- Vertical?

_____

- Inclinada?

_____

ÂNGULOS

Os lados do ângulo são formados por duas semirretas. O vértice **O** é a origem dessas semirretas.

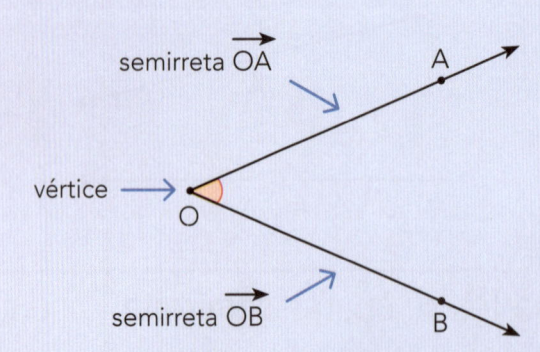

semirreta OA
vértice
O
semirreta OB
A
B

Esse ângulo é indicado assim: **AÔB** (lê-se: ângulo AOB), ou **Ô** (lê-se: ângulo O).

1 Qual dos pontos indica o vértice de cada ângulo destacado abaixo?

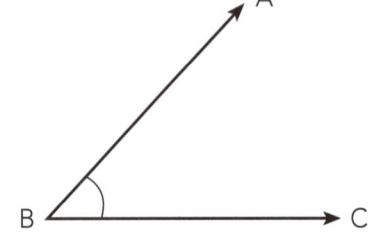

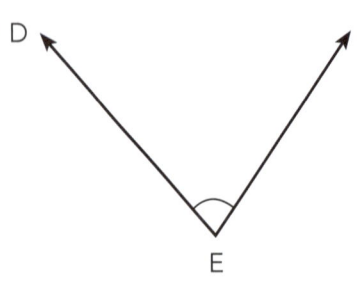

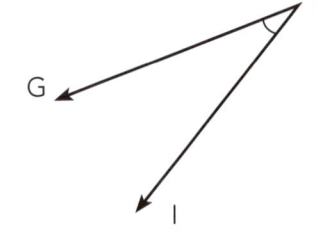

a) A, B, C

b) D, E, F

c) G, H, I

_____   _____   _____

Os instrumentos de desenho abaixo são os **esquadros**, também utilizados para desenhar ângulos.

ÂNGULO RETO

Veja o ângulo que Vilma está traçando com a ajuda de um esquadro e uma régua.

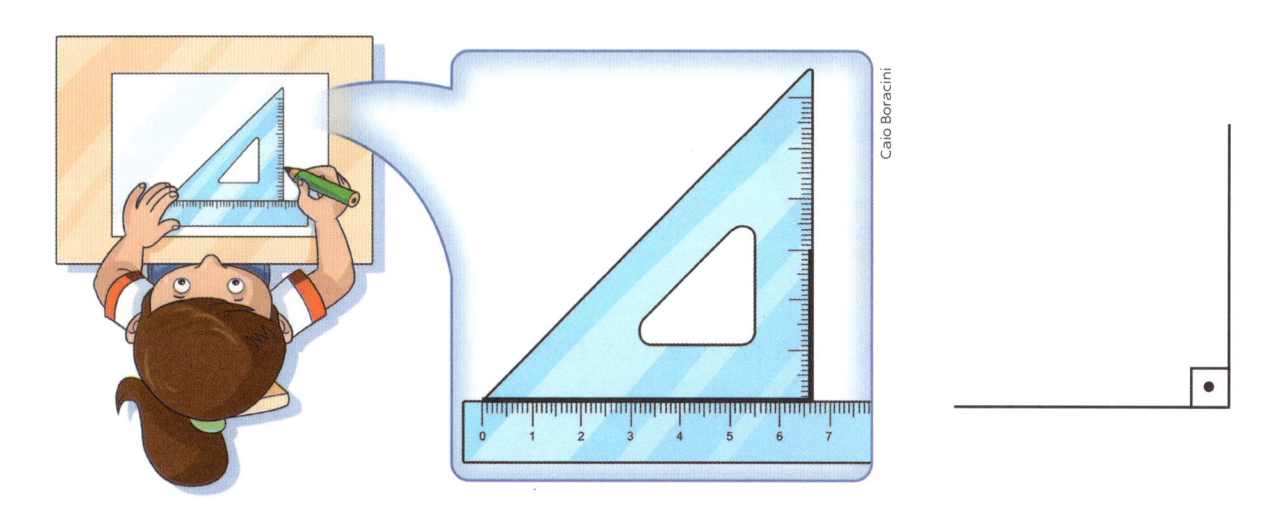

Ela desenhou um **ângulo reto**, cujo símbolo é ⌐.

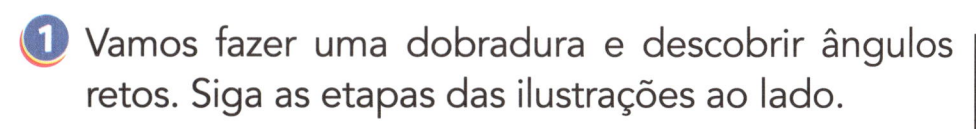

1) Vamos fazer uma dobradura e descobrir ângulos retos. Siga as etapas das ilustrações ao lado.

- Dobre ao meio uma folha de papel sulfite ou similar.
- Dobre ao meio novamente.
- Desdobre a folha.
- Use uma régua e trace linhas sobre as dobras.
- Quantos ângulos retos você obteve partindo do encontro dessas linhas?

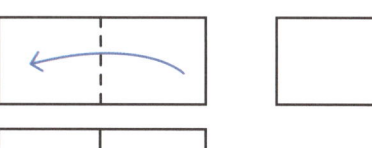

2) Usando a dobradura do ângulo reto, identifique locais ou objetos da sala de aula onde há ângulos retos. Depois, escreva o nome de cada um desses objetos.

Sessenta e um

3 Em cada horário, os ponteiros das horas e dos minutos de um relógio formam dois ângulos. Veja, nas imagens a seguir, a indicação do menor ângulo formado entre os ponteiros de cada relógio.

Em qual desses horários os ponteiros formam um ângulo:

a) reto?
_____

b) maior que o reto?
_____

4 Compare as aberturas de cada ângulo destacado nas figuras com o ângulo reto, utilizando os termos **maior**, **menor** ou **igual**.

a) _____   _____

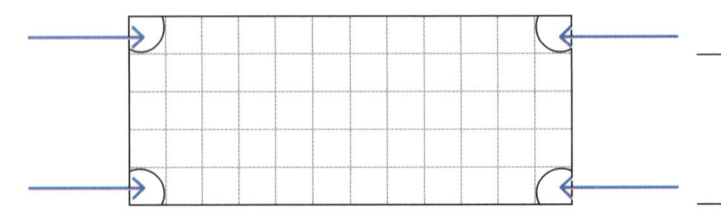

_____   _____

b) _____   _____

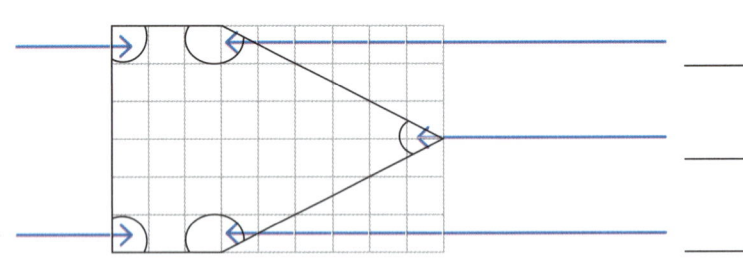

_____   _____

c) _____   _____

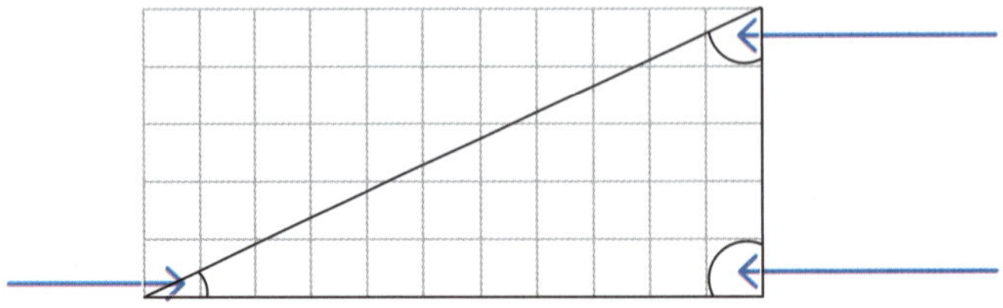

_____   _____

5 Nas figuras abaixo, pinte de azul os ângulos internos retos, de verde os menores que o reto e de amarelo os maiores que o reto.

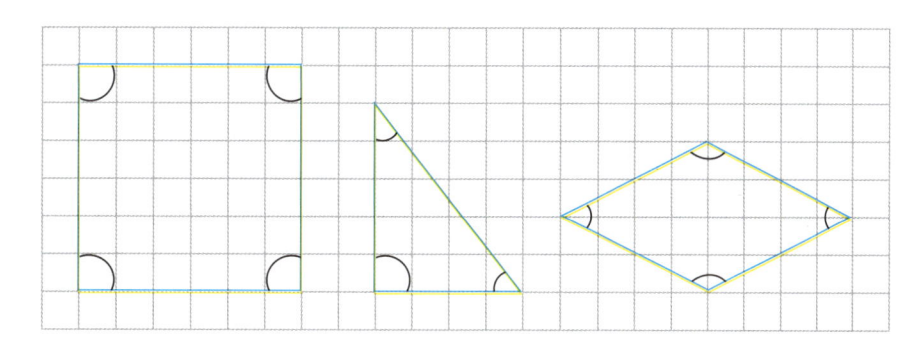

6 A linha traçada abaixo representa o caminho percorrido por Edilson partindo do ponto **A** até o ponto **K**.

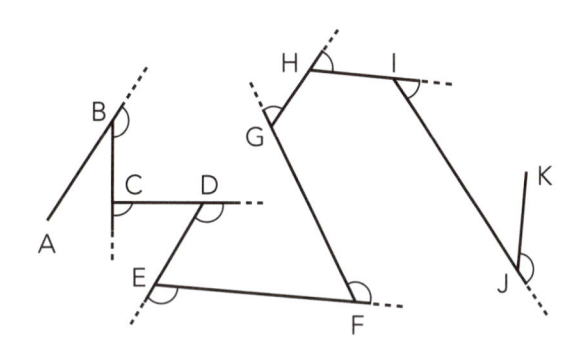

Nesse trajeto, ele realizou algumas mudanças de direção girando de um certo ângulo para a direita ou para a esquerda nos pontos B, C, D, E, F, G, H, I e J.

a) Quantas vezes ele girou à direita? E à esquerda? Em quantos pontos isso ocorreu?

_____

b) Em que pontos ele fez um giro
- igual ao ângulo reto? _____
- maior do que o ângulo reto? _____
- menor do que o ângulo reto? _____

7 Que horário o relógio marca? O ângulo formado pelos ponteiros que indica esse horário é maior ou menor que um ângulo reto?

_____

Sessenta e três

8 A professora do 4º ano usou um *software* de apresentação de *slide* em uma aula sobre ângulos para a turma. Conforme ia apresentando ou modificando a imagem, ela fazia perguntas aos estudantes. Observe o passo a passo e ajude-os a respondê-las.

1. Ela selecionou a estrela de 6 pontas e, em seguida, usou uma circunferência para destacar um dos ângulos da estrela.

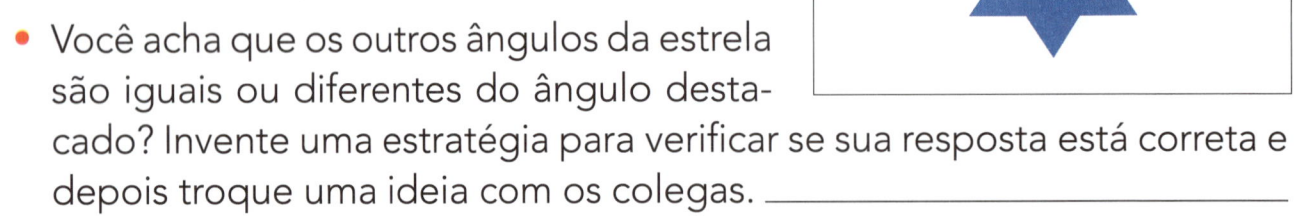

    - Você acha que os outros ângulos da estrela são iguais ou diferentes do ângulo destacado? Invente uma estratégia para verificar se sua resposta está correta e depois troque uma ideia com os colegas. _____

2. Ela clicou na estrela e arrastou o ponto amarelo no sentido do centro, obtendo a figura indicada pela seta.

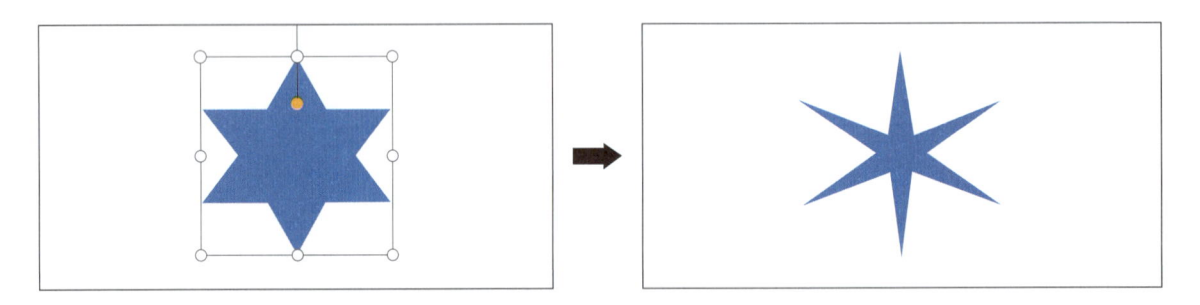

    - O que aconteceu com a figura? _____

3. Agora, ela desenhou um quadrado e arrastou o ponto amarelo para cima, até que os lados da estrela coincidissem com os lados do quadrado, como na figura indicada pela seta.

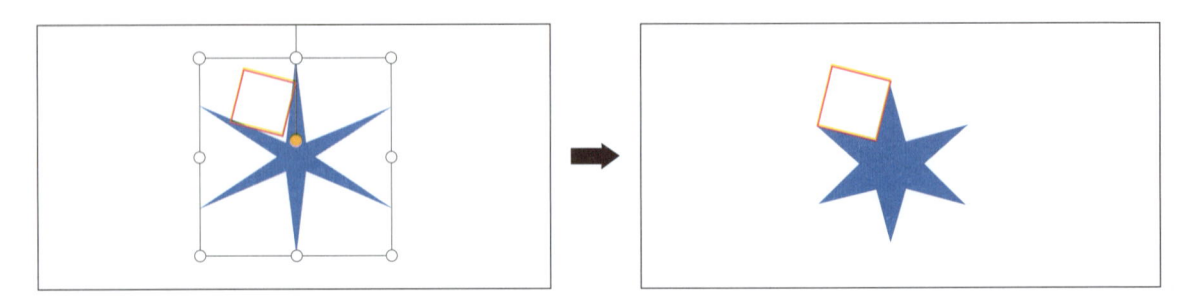

    - O que você pode concluir a respeito da medida desse ângulo da estrela?
    _____

QUE TAL VER DE NOVO?

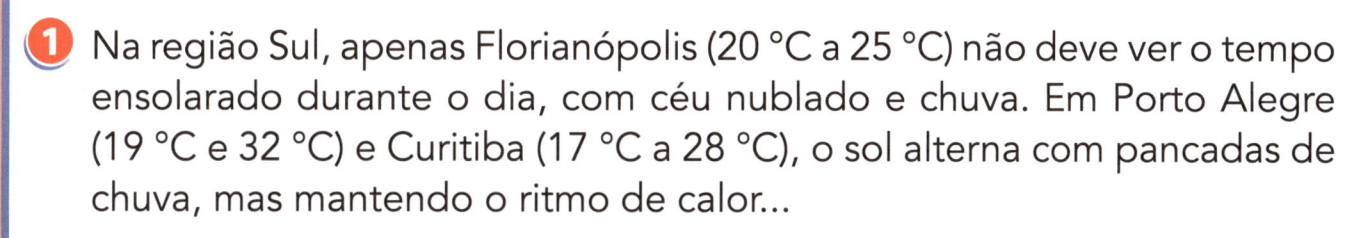

1) Na região Sul, apenas Florianópolis (20 °C a 25 °C) não deve ver o tempo ensolarado durante o dia, com céu nublado e chuva. Em Porto Alegre (19 °C e 32 °C) e Curitiba (17 °C a 28 °C), o sol alterna com pancadas de chuva, mas mantendo o ritmo de calor...

Fonte: Alan Simon. Previsão do tempo [...]. *UOL Cotidiano*, São Paulo, 2 nov. 2019. Disponível em: https://noticias.uol.com.br/cotidiano/ultimas-noticias/2019/11/02/previsao-do-tempo-como-ficam-as-temperaturas-para-hoje-2-nas-capitais.htm?cmpid=copiaecola. Acesso em: 22 set. 2020.

Qual é a diferença entre a temperatura mínima de Porto Alegre e a de Curitiba nesse dia?

a) ☐ 4 °C   b) ☐ 11 °C   c) ☐ 13 °C   d) ☐ 2 °C

2) Joana escreveu o número 2 064. Agora ela quer incluir o algarismo 7 nesse número, de modo a obter um número ímpar formado por cinco algarismos. Que ordem o algarismo 7 deve ocupar?

a) ☐ Unidade.

b) ☐ Dezena.

c) ☐ Centena.

d) ☐ Unidade de milhar.

e) ☐ Dezena de milhar.

3) (Saerjinho-RJ) Observe a seguir a dica que Ricardo deu a Carlos para descobrir a idade de seu pai.

De acordo com essa dica, qual é a idade do pai de Ricardo?

a) ☐ 4 anos

b) ☐ 46 anos

c) ☐ 65 anos

d) ☐ 465 anos

> A IDADE DO MEU PAI É IGUAL À QUANTIDADE DE DEZENAS DO NÚMERO 465.

4 Que número das fichas abaixo atende às condições a seguir?

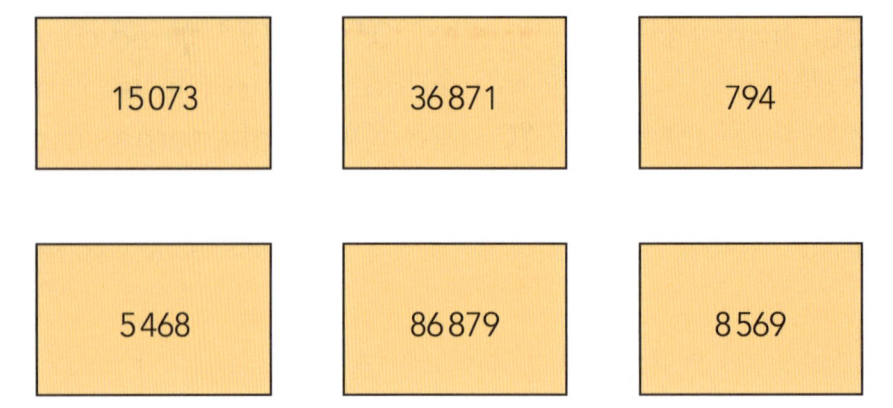

| 15 073 | 36 871 | 794 |

| 5 468 | 86 879 | 8 569 |

- 7 é o algarismo das dezenas.
- É menor que 50 000.
- 6 é o algarismo das unidades de milhar.

a) ☐ 15 073   b) ☐ 36 871   c) ☐ 86 879   d) ☐ 5 468

5 Assinale a alternativa correta. A decomposição do número 60 704 é:

a) ☐ 67 000 + 700 + 4.

b) ☐ 60 000 + 700 + 4.

c) ☐ 6 000 + 70 + 4.

d) ☐ 6 700 + 70 + 4.

6 O número 92 063 aproximado para a unidade de milhar mais próxima é:

a) ☐ 89 000.

b) ☐ 91 000.

c) ☐ 90 000.

d) ☐ 95 000.

7 Qual é a tesoura que forma o maior ângulo de abertura?

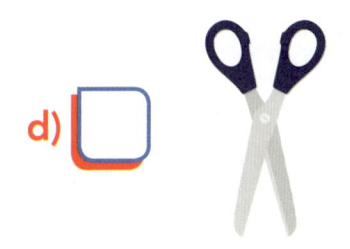

a) ☐

b) ☐

c) ☐

d) ☐

8 Rafael observou que, às três horas, os ponteiros das horas e dos minutos do relógio formam um ângulo reto. Em quais outros horários os ponteiros do relógio marcam um ângulo reto?

a) ☐ 12 horas, 15 horas e 20 horas

b) ☐ 9 horas, 15 horas e 18 horas

c) ☐ 9 horas, 15 horas e 21 horas

d) ☐ 3 horas, 18 horas e 8 horas

UNIDADE 3
LUGARES E DESCOBERTAS

O Brasil é formado por 26 estados e o Distrito Federal, e entre eles há muitas diferenças quanto à cultura, aos costumes, tradições, culinária e também no jeito de falar.

Conhecer a diversidade dessas regiões e das pessoas que nelas vivem nos ajuda a compreender melhor o país em que moramos e a admirar as realizações de nosso povo.

Horta orgânica comunitária no Centro de Educação Ambiental de Rio das Ostras, Rio das Ostras (Cedro), no Rio de Janeiro.

Manejo do Pirarucu na Reserva de Proteção Mamirauá, no Amazonas.

Chico Ferreira/Pulsar Imagens
Rubens Chaves/Pulsar Imagens

Parque Memorial Quilombo dos Palmares, União dos Palmares, em Alagoas.

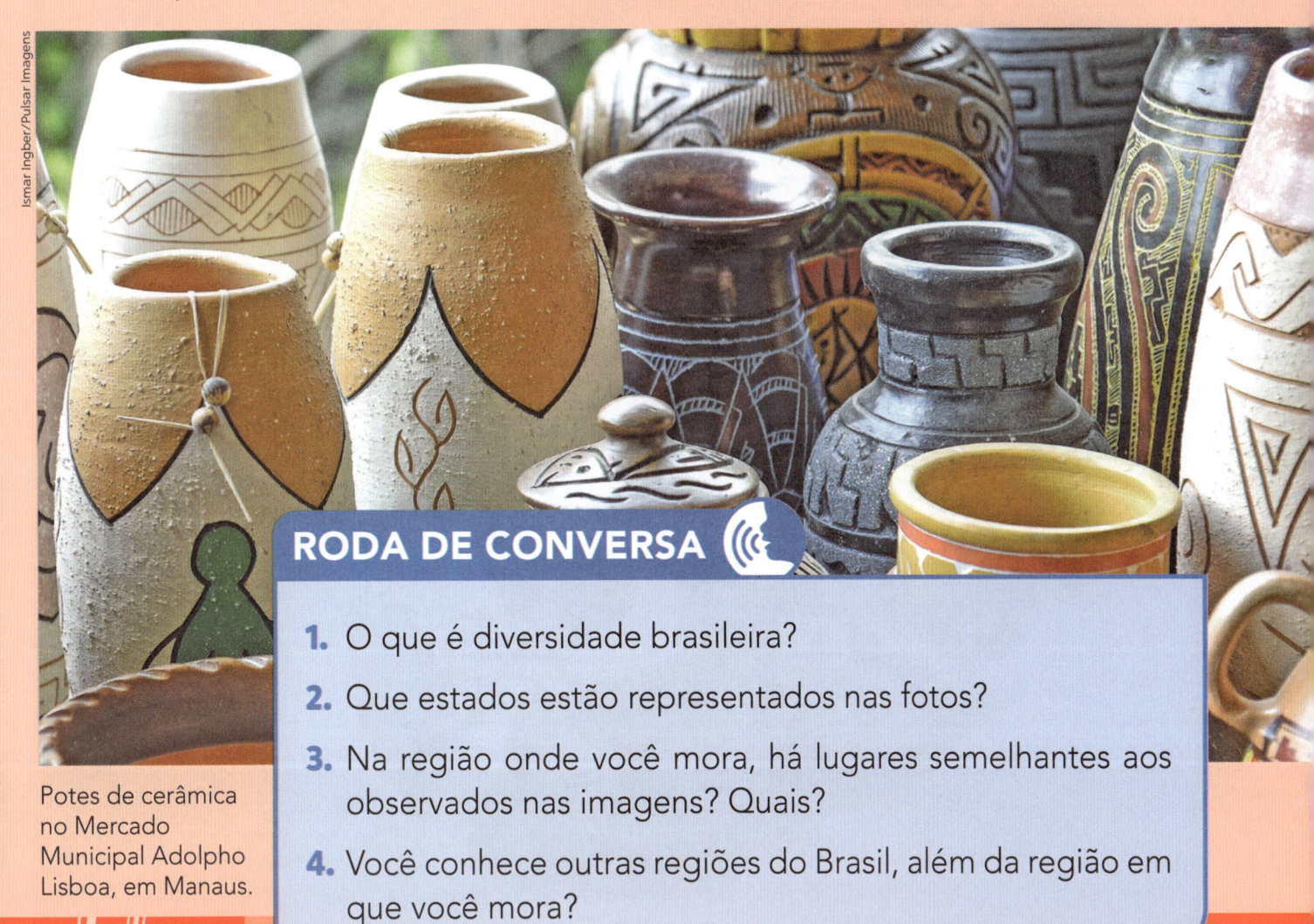

Ismar Ingber/Pulsar Imagens

Potes de cerâmica no Mercado Municipal Adolpho Lisboa, em Manaus.

RODA DE CONVERSA

1. O que é diversidade brasileira?
2. Que estados estão representados nas fotos?
3. Na região onde você mora, há lugares semelhantes aos observados nas imagens? Quais?
4. Você conhece outras regiões do Brasil, além da região em que você mora?

1. DESLOCAMENTOS

A História nos conta que o **Quilombo dos Palmares** foi um refúgio de negros que se rebelavam contra a escravidão no Brasil, no período colonial. O **Parque Memorial Quilombo dos Palmares** reconstitui em um cenário essa importante história de resistência.

Fundado em 2007 pelo Ministério da Cultura, o memorial se encontra no município de União dos Palmares, no estado de Alagoas.

1 Com base na figura da página anterior, responda:
   a) O que simboliza um quilombo?
   b) Você conhecia histórias sobre quilombos?
   c) Há quantos anos o parque foi fundado?
   d) Qual é a importância desse local?
   e) Quantos espaços desse parque podem ser visitados, de acordo com a indicação das placas, sem considerar o restaurante?
   f) Como você faria para ir da entrada até as Ocas Indígenas?

2 Ainda com base na figura da pagina anterior, descreva um caminho para que o visitante vá da entrada do parque à Lagoa Encantada dos Negros.

_____
_____
_____

3 Escolha dois ambientes da escola e descreva o percurso que você deve percorrer para sair de um local e chegar até o outro escolhido. Cite alguns pontos de referência e use os termos em frente, à direita e à esquerda. Imagine que você esteja orientando alguém a chegar nesse local.

_____
_____
_____

MULTITECA

Faça, com a orientação do professor, um passeio virtual ao Parque Memorial Quilombo dos Palmares, onde foram reconstituídas algumas edificações que evocam o modo de vida daquela comunidade quilombola.

Passeio virtual. *In*: PARQUE MEMORIAL QUILOMBO DOS PALMARES. [União dos Palmares], c2010-2014. Disponível em: http://serradabarriga.palmares.gov.br/?page_id=553. Acesso em: 30 dez. 2020.

RETAS: PARALELAS, CONCORRENTES E PERPENDICULARES

1 Antes de visitar o Parque Memorial Quilombo dos Palmares, Bianca quis conhecer a capital. Analise a imagem de satélite.

Imagem de satélite de parte da cidade de Maceió, Alagoas.

a) Na imagem de satélite, as ruas Ceará e São Francisco são paralelas, porque não se cruzam e mantêm a mesma distância entre si. Observe a imagem e dê exemplo de outras duas ruas que são paralelas.

_____

b) A Avenida Siqueira Campos é perpendicular à Rua Vinte e Um de Abril porque elas se cruzam formando ângulo reto. Dê o nome de duas ruas ou avenidas que sejam perpendiculares à Avenida Siqueira Campos.

_____

c) Se você estivesse no cruzamento da Avenida Amazonas com a Rua Vinte e Um de Abril, que trajeto faria para ir à Rua Capela Dom Bosco?

_____

Marcos dobrou uma folha de papel e fez linhas, que, se fossem prolongadas infinitamente, representariam retas que não se cruzam e mantêm a mesma distância entre si.

> Retas de um mesmo plano que sempre mantêm a mesma distância entre si são chamadas **retas paralelas**.
>
> r
> s

Em seguida, Marcos, com outra folha de papel, seguiu as orientações abaixo.

Faça uma dobra na folha e marque-a bem.

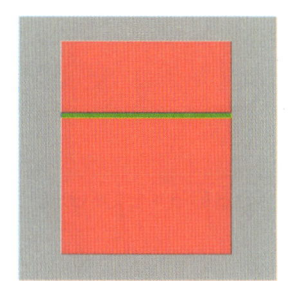

Desdobre a folha e faça um traço verde nessa marca.

Faça uma nova dobra como mostra a imagem e marque-a bem.

Desdobre a folha e faça um traço vermelho nessa marca.

Ilustrações: André Martins

Imagine os traços verde e vermelho prolongando-se infinitamente, como se a folha de papel fosse ampliada. Esses traços, quando prolongados, representam retas que se cruzam.

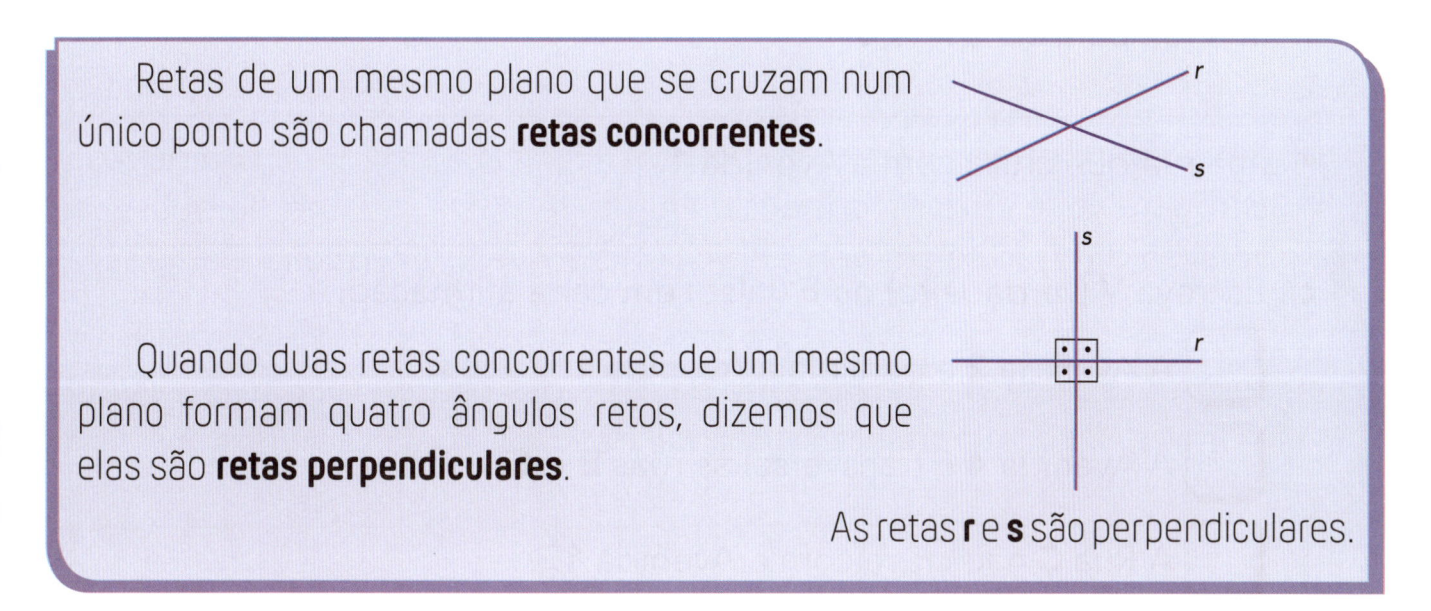

> Retas de um mesmo plano que se cruzam num único ponto são chamadas **retas concorrentes**.
>
> r
> s
>
> Quando duas retas concorrentes de um mesmo plano formam quatro ângulos retos, dizemos que elas são **retas perpendiculares**.
>
> s
> r
>
> As retas **r** e **s** são perpendiculares.

2 A imagem mostra parte do bairro onde Luísa mora.

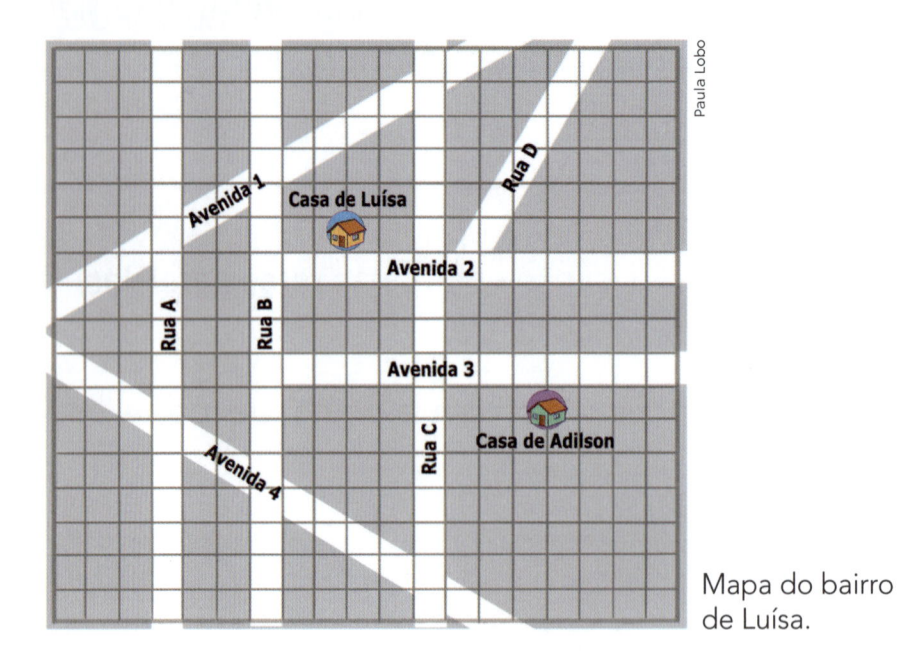

Mapa do bairro de Luísa.

Suponha que as ruas e as avenidas do mapa representem retas. A Avenida **1 é transversal** às ruas **A**, **B** e **C**.

a) Dê a localização das casas de Luísa e Adilson?

_____

b) Escreva o nome de:
- uma rua perpendicular à Avenida **3**.

_____

- uma rua paralela à Rua **B**.

_____

- uma rua que cruza com a Avenida **1**.

_____

c) Escreva **V** (verdadeiro) ou **F** (falso) em cada afirmação.

☐ A Avenida **2** é paralela à Avenida **1**.

☐ A Avenida **4** é transversal às ruas **B** e **C**.

☐ A Rua **C** não cruza com a Avenida **1**.

3 A linha vermelha na malha representa o caminho percorrido por Félix no parque, desde o ponto **P** até o ponto **C**, passando pelos pontos **A** e **B**. Considere que cada lado do quadradinho corresponde a 50 metros.

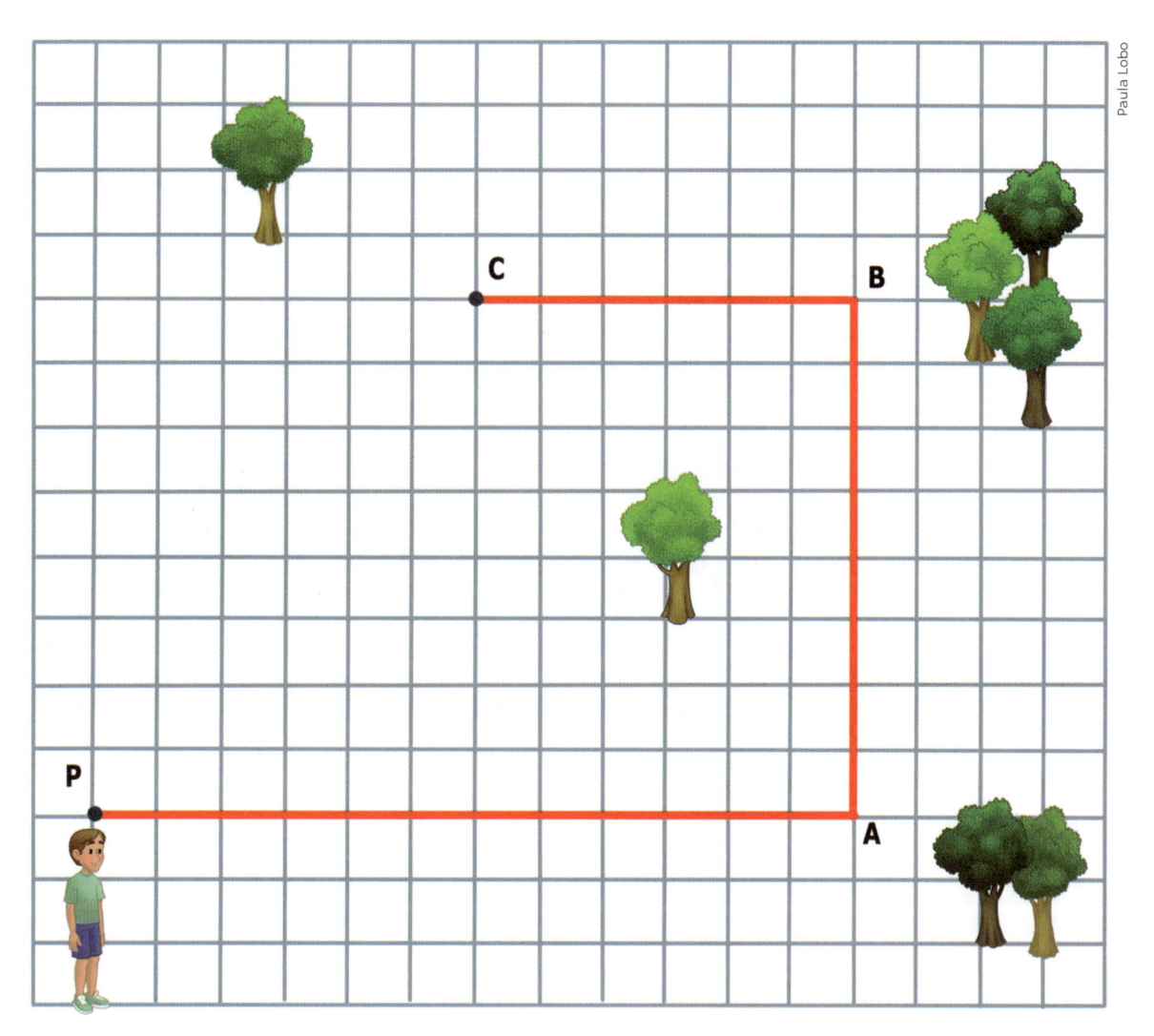

a) Descreva o caminho percorrido por Félix, informando a distância em metros e a direção.

_____

_____

_____

b) Que distância, em metros, ele percorrerá ao todo?

_____

2. ADIÇÃO

Leia a notícia a seguir.

Sementes da Amazônia são transformadas em peças artesanais

Artesãos de Mamirauá produzem diversos tipos de acessórios com sementes encontradas na natureza; respeito pela floresta fica estampado nos produtos.

Um grupo de artesãos da comunidade de Vila Alencar, localizada na Reserva Mamirauá, no Amazonas, utiliza artigos da natureza como matéria prima para acessórios e objetos de decoração.

Colares feitos com sementes da Amazônia.

Criado em 1996 por mulheres artesãs, o grupo produz verdadeiras joias com vários tipos de sementes da região. Colares e pulseiras levam o colorido do açaí e da semente de tento, tons fortes que contrastam o branco das sementes de Santa Luzia.

[...] A criatividade e o respeito à natureza permitem aos artesãos criarem peças únicas que, nos pequenos detalhes, representam o equilíbrio entre o homem e a floresta.

Sementes da Amazônia são transformadas em peças artesanais. *Amazônia: notícia e informação*. [São Paulo], 13 jul. 2018. Disponível em: http://amazonia.org.br/2018/07/sementes-da-amazonia-sao-transformadas-em-pecas-artesanais/. Acesso: 21 jan. 2021.

- Imagine que esse grupo de artesãs tenha produzido 1 643 colares e 1 346 pulseiras com sementes. Faça a estimativa de quantas peças, aproximadamente, esse grupo teria produzido no total.
- A maior produção teria sido de colares ou de pulseiras?

1 Retome a estimativa que você fez na página anterior. Agora faça o cálculo para saber a quantidade total de peças produzidas, utilizando a estratégia de sua preferência.

Sua estimativa foi maior ou menor do que o total calculado agora? Explique como fez a estimativa e como chegou a essa conclusão.

_____

2 Na Ilha de Marajó, no Pará, está localizada a Associação Educativa Rural e Artesanal. O artesanato produzido nesse local é feito com material colhido na natureza. Por exemplo, com sementes de açaí, os artesãos produzem cortinas.

Fonte: Ana Elisa Teixeira. Conheça o artesanato [...]. *Viagens e rotas*, [s. l.], 2016. Disponível em: http://www.viagenserotas.com.br/2016/05/conheca-o-artesanato-da-vila-de-joanes-na-ilha-de-marajo-para/. Acesso em: 21 jan. 2021.

Sementes de açaí.

Suponha que, para fazer uma cortina pequena, sejam necessárias aproximadamente 690 sementes e, para fazer uma cortina grande, os artesãos usem aproximadamente 1 100 sementes. Calcule mentalmente quantas sementes, aproximadamente, devem ser usadas para o feitio de uma cortina grande e de uma pequena, depois, faça o cálculo para verificar se sua estimativa está correta.

ADIÇÃO SEM REAGRUPAMENTO

Há vários anos acontece na cidade de Tefé, no estado de Alagoas, a Feira do Pirarucu. São dois dias para a comercialização de peixes, produto da pesca artesanal da Comunidade Mamirauá e de outras comunidades da região.

Se 1 302 pessoas visitaram a feira no primeiro dia e 1 114 pessoas estiveram presentes no segundo, quantas pessoas visitaram a feira nos dois dias?

16ª Feira de Pirarucu Manejado Mamirauá e Produtos da Agricultura Familiar, Tefé, Amazonas, outubro de 2020.

Para saber o total de pessoas que visitaram a feira, efetuamos uma adição, juntando a quantidade de visitantes do 1º dia com a do 2º dia.

Podemos efetuar a adição 1 302 + 1 114 de diferentes maneiras. Veja a seguir.

- Com a **decomposição** das parcelas

1 302 = 1 unidade de milhar + 3 centenas + 0 dezena + 2 unidades

                com   com   com   com

1 114 = 1 unidade de milhar + 1 centena + 1 dezena + 4 unidades

1 302 + 1 114 = 2 unidades de milhar + 4 centenas + 1 dezena + 6 unidades

- **Com o algoritmo usual**

$$\begin{array}{r} 1\ 3\ 0\ 2 \\ +\ 1\ 1\ 1\ 4 \\ \hline 2\ 4\ 1\ 6 \end{array}$$ → parcela
→ parcela
→ soma ou total

Visitaram a feira 2416 pessoas.

1 Veja como Mariana efetua as adições:

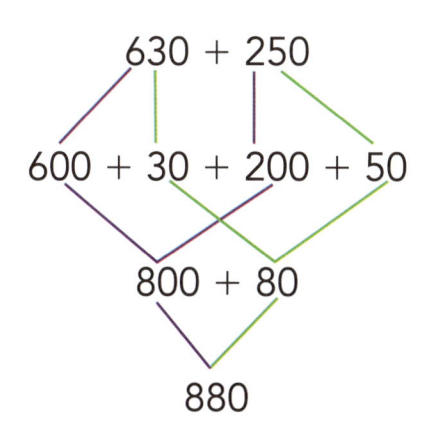

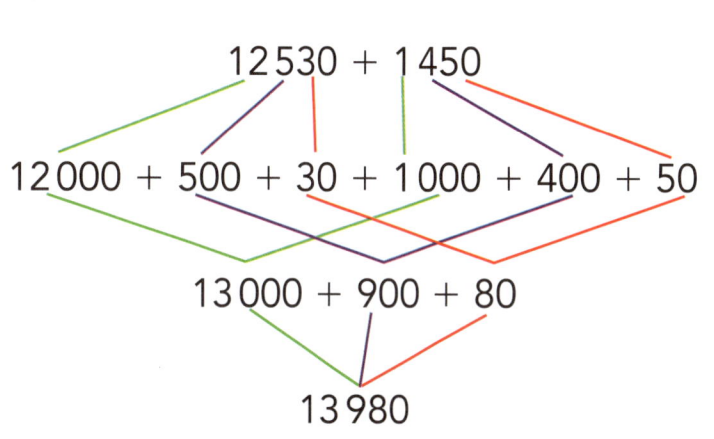

630 + 250
600 + 30 + 200 + 50
800 + 80
880

12 530 + 1 450
12 000 + 500 + 30 + 1 000 + 400 + 50
13 000 + 900 + 80
13 980

a) Explique a estratégia que Mariana usa para fazer essas contas.

_____

b) Efetue as adições a seguir usando a estratégia de Mariana.
- 5 760 + 3 210 = _____
- 31 800 + 13 100 = _____

2 Se no sábado foram vendidos 2 543 kg de peixe na feira e, no domingo, 1 215 kg, quantos quilogramas foram vendidos no total? Calcule utilizando o algoritmo usual.

_____

3 Uma agência dos Correios recebeu muitas cartas na semana do Dia das Mães. Até o meio da semana chegaram 7 545 cartas e no restante da semana chegaram 2 344.

a) Quantas cartas chegaram nessa semana?

_____

b) A expectativa da agência era receber 10 000 cartas, como aconteceu no ano anterior. Essa expectativa foi atingida? Explique sua resposta.

_____

4 Para desenvolver um projeto de lazer no bairro Jardim Novo, a prefeitura encomendou uma pesquisa para saber a faixa etária dos moradores. Veja, na tabela a seguir, o resultado.

Faixa etária dos moradores		
Idade	Homens	Mulheres
Menos de 20 anos	6 375	3 126
De 20 a 35 anos	10 600	4 100
Mais de 35 anos	3 012	1 062

Fonte: Comissão de moradores do bairro Jardim Novo.

Com base nos dados da tabela, responda às questões a seguir.

a) Quantos homens foram entrevistados?

_____

b) Quantas pessoas com idade maior ou igual a 20 anos foram entrevistadas?

_____

c) Quantas mulheres de 20 anos ou mais foram entrevistadas?

_____

5 Cássio e Melissa efetuaram a adição 32 + 47 + 28 de modos diferentes, aplicando as estratégias que eles já conheciam.

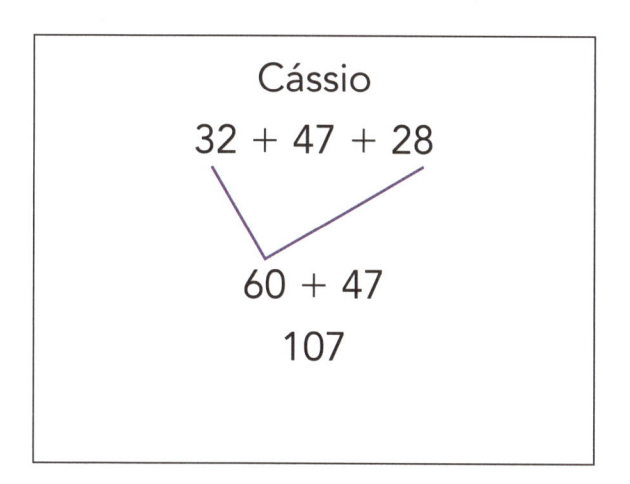

Cássio

32 + 47 + 28

60 + 47

107

Melissa

32 + 47 + 28

30 + 2 + 40 + 7 + 20 + 8

30 + 40 + 20 + 2 + 7 + 8

90 + 17

107

Efetue as adições a seguir usando uma das estratégias que você conhece. Depois, converse com seus colegas e verifique a estratégia que cada um usou.

a) 23 + 41 + 27 = _____

b) 35 + 14 + 50 = _____

PARA DESCONTRAIR

— Alunos, agora vamos elaborar problemas. Podem começar com um problema de adição.

— Você inventa o problema e eu escrevo.

— Já sei! Escreva aí: Arnaldo tinha 150 sementes e usou 64 para fazer artesanato.

— Akira! Esse problema não pode ser resolvido com uma adição!

— Adição?... Adição!... Adição... Eu não sou bom de problemas!

Caio Boracini

Oitenta e um

OLHANDO PARA O MUNDO

MARAVILHAS DO MUNDO

Em 2007, houve uma votação para escolher as Sete Maravilhas do Mundo Moderno. Milhões de pessoas do mundo inteiro votaram, pela internet e pelo telefone. Fazem parte das maravilhas eleitas a Muralha da China e o Cristo Redentor.

A Muralha da China corta o país de leste a oeste. Ela foi erguida para proteger o país de invasões inimigas e mede quase 9 mil quilômetros de extensão.

Muralha da China, China.

O Cristo Redentor foi inaugurado em 12 de outubro de 1931. Mede 38 metros de altura e 28 metros de largura. Pode ser visto de quase todos os lugares do Rio de Janeiro. Foi Considerado Patrimônio da Humanidade pela Unesco.

Cristo Redentor, Rio de Janeiro, Rio de Janeiro.

- Pesquise quais são as outras maravilhas do mundo moderno e algumas informações matemáticas curiosas sobre elas.

ADIÇÃO COM REAGRUPAMENTO

Agricultores da Amazônia cultivam frutas com a orientação de técnicos. Há o cultivo variado de açaí, pupunha, cupuaçu, castanha, abacate, entre outras, das quais são produzidas polpas que depois são embaladas na Casa de Polpas da Comunidade Boa Esperança, localizada no meio da Floresta Amazônica.

Açaí na Casa de Polpas da Comunidade Boa Esperança, na Reserva Amanã, Manaus, Amazonas.

Imagine que em determinado período tenham sido vendidas 1850 embalagens com polpa de açaí em um dia e, no dia seguinte, 1250 embalagens com polpa de cupuaçu.

Para saber a quantidade total de embalagens desses dois tipos de polpa que foram vendidas, devemos acrescentar à quantidade de embalagens de polpa de açaí o número de embalagens de cupuaçu, ou seja, vamos efetuar a adição: 1850 + 1250.

Podemos usar os seguintes métodos.

- A **decomposição** das parcelas.

Complete as lacunas.

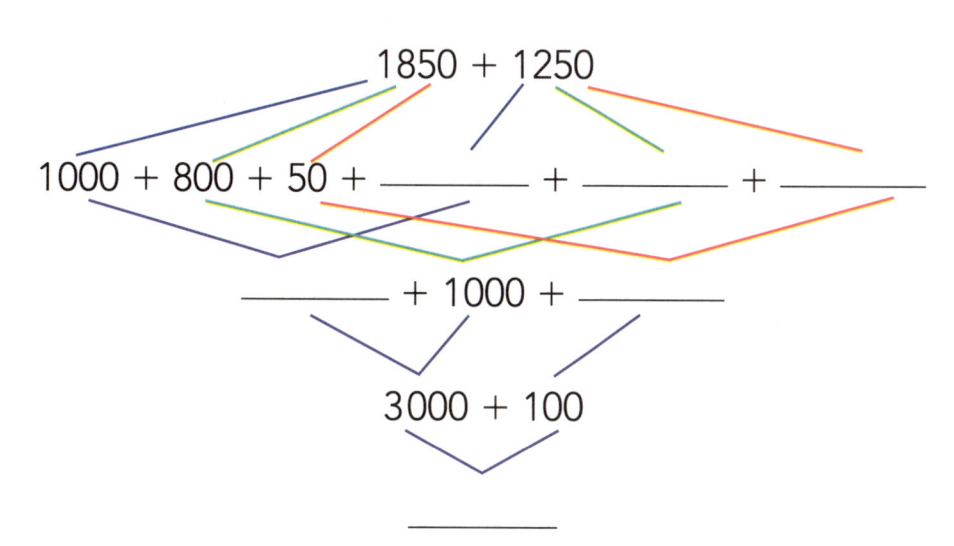

1850 + 1250

1000 + 800 + 50 + _____ + _____ + _____

_____ + 1000 + _____

3000 + 100

_____

- O **algoritmo usual**.

$$\begin{array}{r} \overset{1}{1}\overset{1}{8}5\,0 \\ +\;1\;2\;5\;0 \\ \hline 3\;\overset{1}{1}\,\overset{1}{0}\,0 \end{array}$$ → parcela
→ parcela
→ soma ou total

Portanto, foram vendidas 3 100 embalagens de polpa no total.

1 Se na Casa de Polpas houvesse uma encomenda de 945 embalagens de polpa de pupunha e 257 de graviola, quantas embalagens dessas polpas teriam sido vendidas?

Calcule usando a estratégia que preferir.

_____

2 Veja como Maria efetuou a adição de números com dois algarismos 53 + 38.

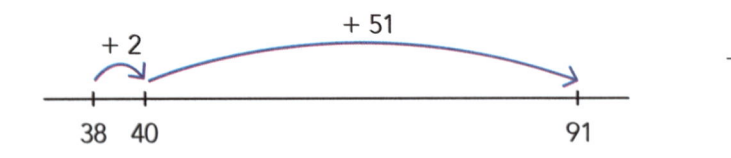

```
        + 2         + 51
       ⤻    ⌒⌒⌒⌒⌒⌒⌒⌒⌒⌒⌒
   +---+---+-------------+
   38  40               91
```

$$-2 \left(\begin{array}{c} 53 + 38 \\ 51 + 40 \end{array} \right) +2$$

91

Efetue as adições usando a estratégia de Maria.

a) 64 + 27 = _____

b) 36 + 48 = _____

3 Veja como Marcela fez a estimativa (resultado aproximado) de 24 192 + 8 765:

24 mil mais 9 mil são 33 mil

```
   2 4 1 9 2
+    8 7 6 5
-------------
        ?
```

Faça as estimativas a seguir e complete o quadro.

a)
```
  1 5 2 4 3
+   7 8 9 1
-----------
      ?
```

Resultado aproximado	Resultado exato

b)
```
  7 2 9 0 4
+ 1 3 1 7 2
-----------
      ?
```

Resultado aproximado	Resultado exato

4 Veja as estratégias que Rafael e Angélica usaram para calcular 85 + 26 + 14.

> Rafael adicionou 26 com 14 e obteve 40. Depois, adicionou 40 com 80 e obteve 120. Em seguida, adicionou 120 com 5 e obteve o resultado 125.

> Angélica adicionou 80 + 20 + 10 e obteve 110. Depois, adicionou 6 com 4, obtendo 10. Em seguida, adicionou 110 + 10 + 5 e obteve o resultado 125.

Calcule usando o procedimento de Angélica ou Rafael e registre como calculou.

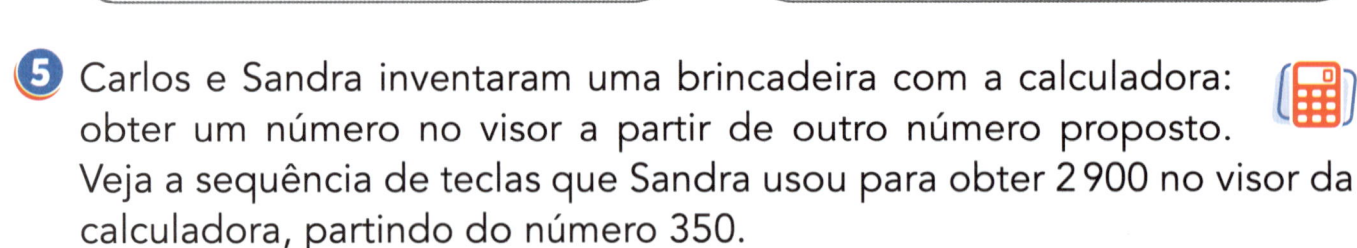

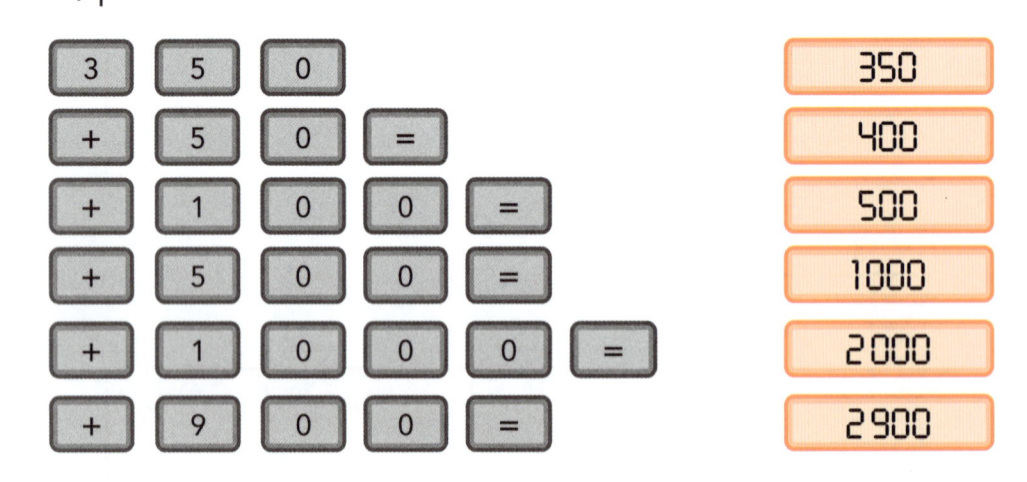

a) 73 + 32 + 38 = _____

b) 45 + 55 + 1 = _____

5 Carlos e Sandra inventaram uma brincadeira com a calculadora: obter um número no visor a partir de outro número proposto. Veja a sequência de teclas que Sandra usou para obter 2 900 no visor da calculadora, partindo do número 350.

Teclas	Visor
3 5 0	350
+ 5 0 =	400
+ 1 0 0 =	500
+ 5 0 0 =	1000
+ 1 0 0 0 =	2000
+ 9 0 0 =	2900

Usando a calculadora, elabore no caderno uma sequência de teclas para obter no visor:

a) 2 500, partindo de 50.

b) 8 900, partindo de 10.

PESQUISAS

A organização de informações sobre determinado assunto pode ser feita com o uso de tabelas e gráficos. As informações podem ser coletadas por meio de uma pesquisa.

1 Para organizar um lanche comunitário, o professor do 4º ano fez uma pesquisa com a intenção de saber quais frutas os estudantes preferem.

Para organizar os dados, ele fez uma tabela usando uma planilha eletrônica e, com base na tabela, criou um **gráfico de setores**, porém, depois de imprimir, viu que houve uma falha na impressão e as quantidades da tabela não foram impressas. Observe na imagem abaixo.

PLANILHA ELETRÔNICA

	A	B	C	D	E	F	G
1							
2	Frutas preferidas dos estudantes						
3	Fruta	Quantidade					
4	uva						
5	laranja						
6	pitanga						
7	açaí						
8							

Frutas preferidas dos estudantes — Quantidade
- uva: 20
- laranja: 15
- pitanga: 10
- açaí: 10

a) Observe o gráfico e ajude o professor a completar a tabela com a quantidade de cada fruta.

b) O que informa a legenda?

_____

c) Qual foi a fruta preferida pelos estudantes? Como você descobriu?

_____

_____

d) Quantos estudantes participaram da pesquisa? _____

Oitenta e sete

2 Observe o gráfico que mostra a preferência dos estudantes da Escola Novo Saber, referente às atividades que gostam de realizar com os amigos no parque.

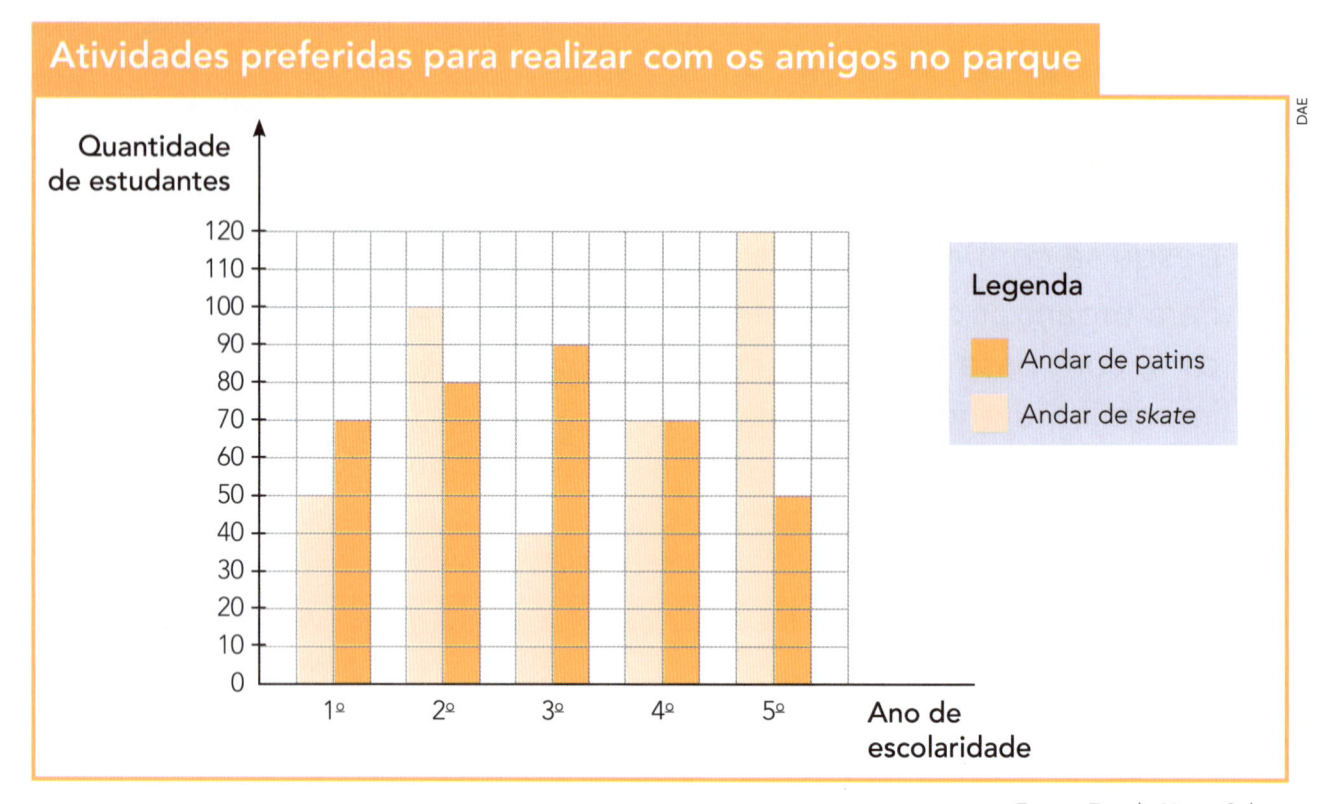

Atividades preferidas para realizar com os amigos no parque

Legenda:
- Andar de patins
- Andar de skate

Fonte: Escola Novo Saber.

a) A que se refere o gráfico?
_____

b) Qual é o ano de escolaridade em que há o maior número de estudantes que preferem patins? _____

c) Considerando os cinco anos de escolaridade, quantos preferem andar de skate? _____

d) E quantos preferem andar de patins? _____

e) Compare as escolhas do 2º e do 5º ano e escreva suas conclusões a respeito dos resultados apresentados no gráfico.

_____
_____

OLHANDO PARA O MUNDO

RIBEIRINHOS E ÍNDIOS DA AMAZÔNIA VENDEM ARTESANATO PELA INTERNET

Produtos são feitos de pedaços de madeira, fibras, sementes, cipós e pedras

Lucineide Garrido, 48, a Neide, é artesã na comunidade ribeirinha Tumbira, no Rio Negro, a cerca de três horas de barco de Manaus. Lá, vende direto a turistas produtos como um jogo de *sousplat* (suporte de prato) feito de fibras de banana e de bacaba (palmeira nativa da amazônica). Agora, está feliz por mostrar seu trabalho a clientes do Sul e de outras partes do país graças a um mundo que não conhece: a internet.

[...]

Artesanato com sementes amazônicas. Núcleo de Conservação e Sustentabilidade Professor Agnello Uchôa Bittencourt, Comunidade Tumbira, Rio Negro, Manaus, Amazonas, março de 2012.

A venda por *site* envolve diretamente 121 famílias de dez comunidades indígenas e ribeirinhas dos rios Negro, Amazonas e Solimões. São comercializados, além de "biojoias", mochilas e redes, óculos, chaveiros, fruteiras, cestos, adegas de madeira, jogos americanos, porta-copos, entre outros produtos.

[...]

Monica Prestes. Ribeirinhos e índios da Amazônia vendem artesanato pela internet, *Folha de S.Paulo*, São Paulo, 7 jul. 2019. Disponível em: https://www1.folha.uol.com.br/cotidiano/2019/07/ribeirinhos-e-indios-da-amazonia-vendem-artesanato-pela-internet.shtml. Acesso em: 30 dez. 2020.

- Onde esse artesanato é produzido? Quem os artesãos?
- Cite alguns materiais naturais utilizados pelos artesãos desse local.
- Qual é a vantagem para os artesãos, em relação às vendas pela internet?

PROPRIEDADE COMUTATIVA

No município de Diadema, que faz parte da região da Grande São Paulo, um grupo de moradores está praticando a agricultura urbana, em que hortas comunitárias ocupam terrenos baldios e mudam a paisagem local.

Se forem replantadas 367 mudas de alface e 248 mudas de couve, quantas mudas terão sido replantadas no total?

Veja como Joaquim e Mariana calcularam.

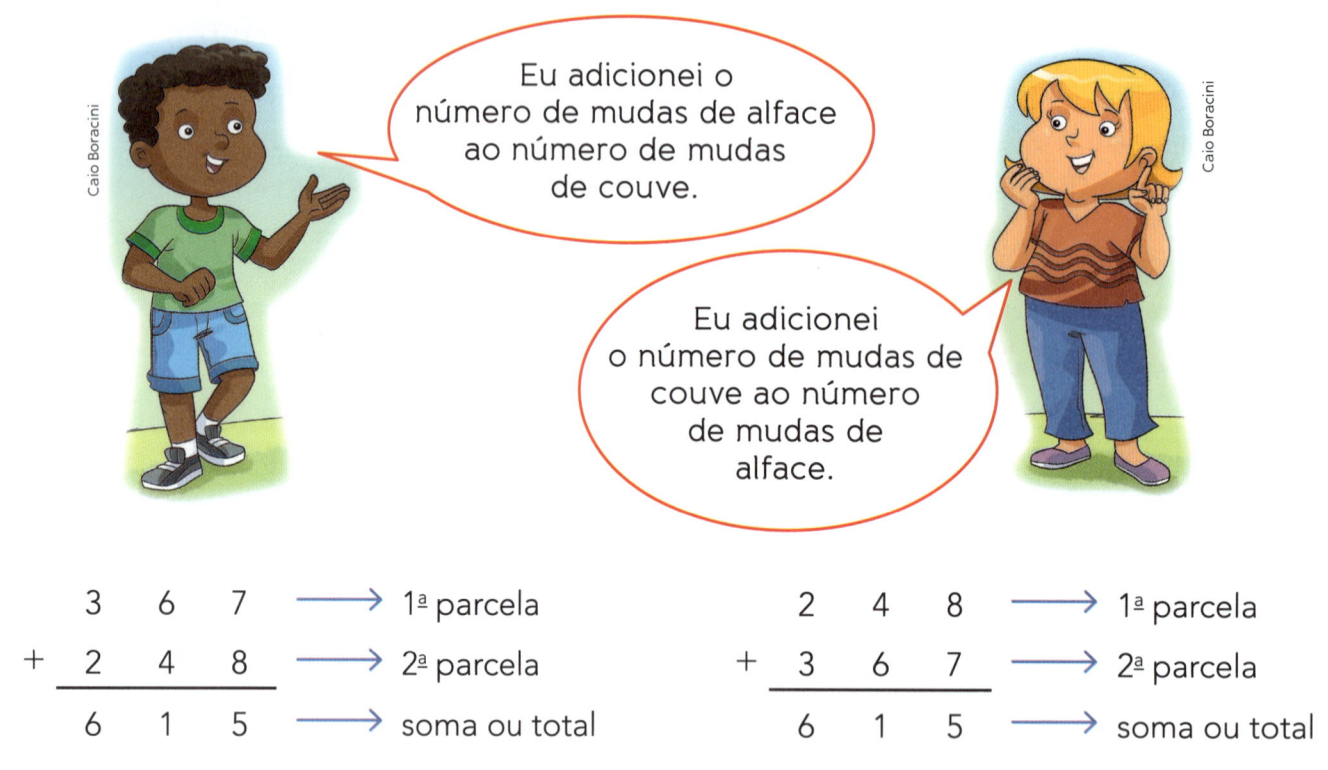

Joaquim: Eu adicionei o número de mudas de alface ao número de mudas de couve.

Mariana: Eu adicionei o número de mudas de couve ao número de mudas de alface.

```
   3 6 7   → 1ª parcela              2 4 8   → 1ª parcela
 + 2 4 8   → 2ª parcela            + 3 6 7   → 2ª parcela
   ─────                              ─────
   6 1 5   → soma ou total            6 1 5   → soma ou total
```

1 Analise e compare os cálculos de Joaquim e Mariana.

a) O que diferencia a forma de resolver de Joaquim e Mariana?

_____

_____

b) O que aconteceu com as somas?

_____

c) No total foram plantadas _____ mudas de alface e couve.

> Em uma adição, trocando-se a ordem das parcelas, a soma continua a mesma. Essa é a **propriedade comutativa** da adição.

CURIOSIDADES

DICAS PARA CRIAR E CULTIVAR UMA HORTA ORGÂNICA COMUNITÁRIA

Cada vez mais populares, em grandes centros urbanos, as hortas comunitárias podem ser uma solução prática e barata para melhorar a qualidade da alimentação nas cidades. O melhor de tudo é que o cultivo dessas hortaliças se baseia nos princípios da agricultura orgânica, ou seja, as pessoas sabem que o alimento colhido ali é fresco e não contém agrotóxicos.

Horta orgânica comunitária no Cedro, Rio das Ostras, no Rio de Janeiro, março de 2018.

Confira algumas dicas para a criação de uma horta comunitária!

1. Encontre parceiros

Converse com os vizinhos sobre os benefícios de ter uma fonte de alimentos frescos, naturais e saudáveis.

2. Busque o local

Prefira um terreno ensolarado, plano e de fácil acesso.

Se um espaço público for escolhido, é necessária a autorização do órgão local competente, como administração local ou prefeitura. Invista em compostagem orgânica e caseira, deixando de lado os adubos industriais.

3. Obtenha apoio

Algumas prefeituras oferecem sementes, ferramentas e instrutores.

4. Engaje a comunidade

Faça um mutirão de pessoas para fazer plaquinhas, planejar as plantações e estabelecer as regras do projeto.

Inclua as crianças: assim, elas colocam a mão na massa e aprendem a importância de alimentos frescos.

5. Compartilhar para ter sucesso

Cada participante pode plantar o que deseja, mas, com a comunidade, estabeleça regras para que todos tenham acesso a uma boa variedade de legumes e verduras frescas.

PROPRIEDADE ASSOCIATIVA

Amélia consultou o *site* de uma comunidade que vende a própria produção artesanal pela internet. Veja o que ela pretende comprar.

| 34 reais | 22 reais | 28 reais |

Quanto Amélia vai pagar pela compra?
Veja como podemos calcular o valor total pago pelos três produtos.

- Adicionar o preço do vaso ao do colar e, ao resultado, acrescentamos o preço da cesta.

$$28 + 22 + 34 = 50 + 34 = 84$$

Também podemos fazer o cálculo de outra maneira. Observe:

- Adicionar o preço do colar ao da cesta e, ao resultado, acrescentar o preço do vaso.

$$28 + 22 + 34 = 28 + 56 = 84$$

> Observe que os resultados obtidos são iguais, porque, em uma adição, a soma não se altera quando se associam as parcelas de modo diferente. Essa é a **propriedade associativa** da adição.

1) Dê o nome das propriedades da adição usadas em cada caso.

a) 350 + 800 = 800 + 350 → _____
b) 40 + 70 + 90 = 70 + 90 + 40 → _____
c) 200 + 50 + 10 = 250 + 10 → _____
d) 1 012 + 95 = 95 + 1 012 → _____
e) 100 + 500 + 300 = 100 + 800 → _____

2) Associando as parcelas, podemos calcular mentalmente uma soma. Associe as parcelas da forma que você achar mais fácil para encontrar a soma. Veja o exemplo:

$$5 + \underbrace{8 + 2}_{10} = 5 + 10 = 15$$

Agora, efetue as adições mentalmente.

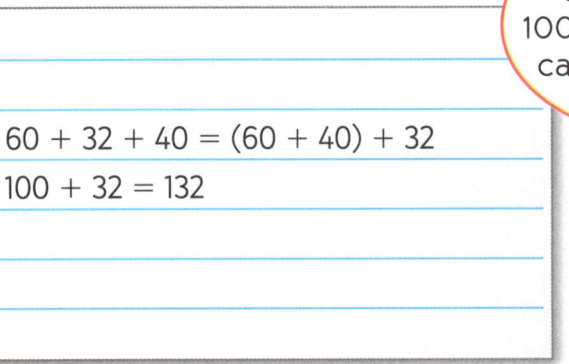

a) 3 + 11 + 9 = _____
b) 6 + 27 + 3 = _____
c) 25 + 4 + 36 = _____

60 + 32 + 40 = (60 + 40) + 32
100 + 32 = 132

Com a parcela 100 ficou mais fácil calcular a adição.

3) Efetue mentalmente as adições aplicando as propriedades comutativa e associativa da adição.

a) 70 + 41 + 30 = _____
b) 400 + 350 + 600 = _____
c) 1 000 + 5 100 + 9 000 = _____
d) 80 000 + 47 000 + 20 000 = _____

4 A adição de quatro parcelas pode ser obtida associando-as de modos diferentes. Veja:

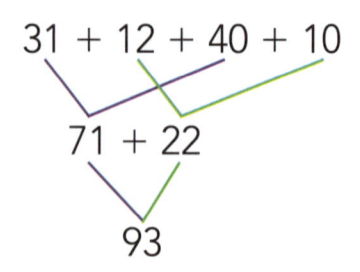

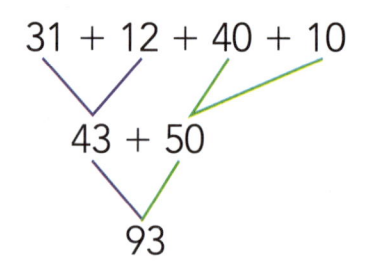

```
31 + 12 + 40 + 10
   71 + 22
        93
```

```
31 + 12 + 40 + 10
      43 + 50
        93
```

Usando dois modos diferentes, efetue as adições.

a) 19 + 26 + 20 + 31 = _____

b) 14 + 18 + 15 + 50 = _____

c) 300 + 240 + 368 + 280 = _____

5 Ângela e Meire têm juntas 108 reais. Sabendo que cada uma possui mais de 50 reais, quantos reais cada uma tem?

_____
_____

DESAFIO

Hoje, Ana Paula tem 1325 reais e Karen, 930 reais. Se Ana Paula guardar 32 reais por mês e Karen, 111 reais, depois de quantos meses elas terão quantias iguais? Faça os cálculos no caderno. _____

UM POUCO DE HISTÓRIA

GAUSS, O PRÍNCIPE DA MATEMÁTICA

Um professor, para manter seus estudantes ocupados, mandou que adicionassem todos os números de um a cem. Esperava que eles passassem bastante tempo executando a tarefa.

Para sua surpresa, em poucos instantes um aluno de sete ou oito anos chamado Gauss deu a resposta correta: 5 050. Como ele fez a conta tão rápido?

Gauss observou que se somasse o primeiro número com o último, 1 + 100, obtinha 101. Se somasse o segundo com o penúltimo, 2 + 99, também obtinha 101. Somando o terceiro número com o antepenúltimo, 3 + 98, o resultado também era 101. Percebeu então que, na verdade, somar todos os números de 1 a 100 correspondia a somar 50 vezes o número 101, o que resulta em 5 050.

E assim, ainda criança, Gauss inventou a fórmula da soma de progressões aritméticas.

Retrato de Carl F. Gauss, por Christian-Albrecht, Jensen, 1840.

Gauss viveu entre 1777 e 1855 e foi sem dúvida um dos maiores matemáticos que já existiram. É por muitos considerado o maior gênio matemático de todos os tempos, razão pela qual também é conhecido como o Príncipe da Matemática.

Gauss, o príncipe da Matemática. *WebEduc*, [Brasília, DF], 2009. Disponível em: http://webeduc.mec.gov.br/portaldoprofessor/matematica/curiosidades/curiosidadesmatematicas-html/audio-gauss-br.html. Acesso em: 30 dez. 2020.

- Agora que você já sabe como ele chegou tão rápido a 5 050, explique a um colega.
- No caderno, calcule como Gauss, a soma dos números:

    a) de 1 a 40 → _____

    b) de 1 a 300 → _____

3. SUBTRAÇÃO

A cidade do México é um exemplo em relação às iniciativas para melhoria do meio ambiente.

Leia um trecho da matéria.

Lixo doméstico é trocado por alimentos orgânicos no México

Que tal trocar **materiais recicláveis** por frutas, verduras e legumes fresquinhos? Essa é a proposta que a prefeitura da **Cidade do México** fez aos moradores locais ao criar o Mercado de Trueque.

[...] Os moradores levam seus recicláveis [...] e, em resposta, recebem pontos verdes para comprar o que quiserem na **feira de alimentos orgânicos** que tem ao lado do **posto de troca**.

[...]

Débora Spitzcovsky. Lixo reciclável é trocado por alimentos orgânicos no México. *Superinteressante*, 21 dez. 2016. Disponível em: https://super.abril.com.br/blog/planeta/lixo-reciclavel-e-trocado-por-alimentos-organicos-no-mexico/. Acesso em: 30 dez. 2020.

No Brasil, a cidade de Jundiaí, em São Paulo, tem uma iniciativa parecida à da cidade do México, é a Delícia de Reciclagem. A cada semana, o projeto disponibiliza legumes e verduras frescos em troca de materiais recicláveis. De janeiro a março de 2019 foram entregues 11 173 sacolas de alimentos.

- Você conhece ou já participou com sua família de projetos voltados à reciclagem?
- Quantas sacolas seriam necessárias para completar 11 200 sacolas?
  » Imagine que no mês de janeiro tenham sido distribuídas 4 000 sacolas com esses alimentos. Quantas sacolas sobrariam? Calcule como preferir.

1 Moradores de um condomínio estão organizando a coleta seletiva de lixo para reciclagem. A tabela mostra a quantidade de material recolhido e encaminhado para a reciclagem no período de um ano.

Material reciclável coletado em um ano (por unidade)	
Tipo	Quantidade
Caixas de papelão	1 313
Latas de alumínio	1 454
Garrafas de vidro	1 254
Garrafas PET	2 658

Fonte: Organizadores da coleta seletiva.

De acordo com os dados acima, responda:

a) Que item foi encaminhado em maior quantidade?

b) E qual item foi encaminhado em menor quantidade?

c) Quantas garrafas PET foram encaminhadas para a reciclagem a mais que latas de alumínio?

d) Quantas caixas de papelão foram encaminhadas para a reciclagem a mais que garrafas de vidro?

SUBTRAÇÃO SEM DESAGRUPAMENTO

A água é um bem precioso, que não pode ser desperdiçado. De acordo com o Sistema Nacional de Informação sobre Saneamento (SNIS), do Ministério do Desenvolvimento Regional (MDR), cada brasileiro consome, em média, 150 litros de água por dia.

Imagine que a caixa-d'água da residência de uma família, composta de 3 pessoas, contenha 1 860 litros de água. Quantos litros de água sobrarão na caixa depois de um dia de uso por esta família?

Podemos fazer esse cálculo usando o **quadro de ordens** e o **algoritmo usual**.

Quadro de ordens

UM	C	D	U	
1	8	6	0	→ minuendo
−	4	5	0	→ subtraendo
1	4	1	0	→ diferença

Algoritmo usual

```
   1 8 6 0
 −   4 5 4
 ─────────
   1 4 1 0
```

Portanto, restam 1 410 litros de água na caixa-d'água.

1 Subtrações podem ser feitas usando a **decomposição**. Veja o exemplo e complete as lacunas.

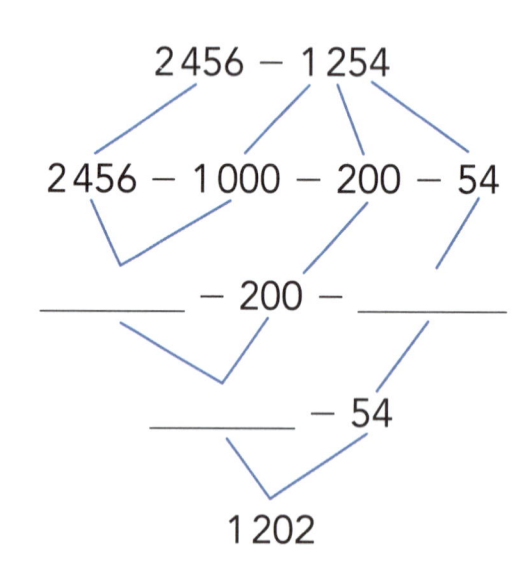

2 456 − 1 254

2 456 − 1 000 − 200 − 54

_____ − 200 − _____

_____ − 54

1 202

Use o mesmo modo de calcular para efetuar, no caderno, as subtrações:

a) 5 685 − 2 382 = _____   **b)** 37 452 − 17 350 = _____

2 Descubra cada termo da subtração substituindo a ★ pelo algarismo adequado.

```
   7 9 8 7
 − 4 4 ★ 2
   3 ★ 3 ★
```

★ = _____

- O subtraendo é _____
- A diferença é _____

CURIOSIDADES

- O papel foi descoberto pelos chineses. No começo, usavam tecido como matéria-prima. Hoje, usa-se fibra de madeira.
- A cada 50 kg de papel reciclado, uma árvore não precisa ser cortada.
- Uma pessoa consome duas árvores por ano em papel.
- A matéria-prima do plástico é o petróleo. Um tipo de plástico muito conhecido é o PET, usado nas embalagens de refrigerante, por exemplo.
- Uma pessoa consome cerca de 45 kg de plástico por ano.
- O plástico demora 450 anos para ser decomposto na natureza.
- O alumínio não existe em estado puro na natureza. Ele é feito de um minério chamado bauxita.
- Uma lata de alumínio demora de 200 a 500 anos para ser decomposta na natureza.
- O Brasil é recordista mundial em reciclagem de latas de alumínio.

Noventa e nove

SUBTRAÇÃO COM DESAGRUPAMENTO

Adquirir o hábito de poupar parte do dinheiro que recebe é muito importante. André e Salete sabem disso!

No mês passado, André conseguiu poupar 173 reais e Salete, 258 reais. Quanto Salete poupou a mais que André?

Podemos calcular essa subtração de diversas formas.

- Com o **Material Dourado**:

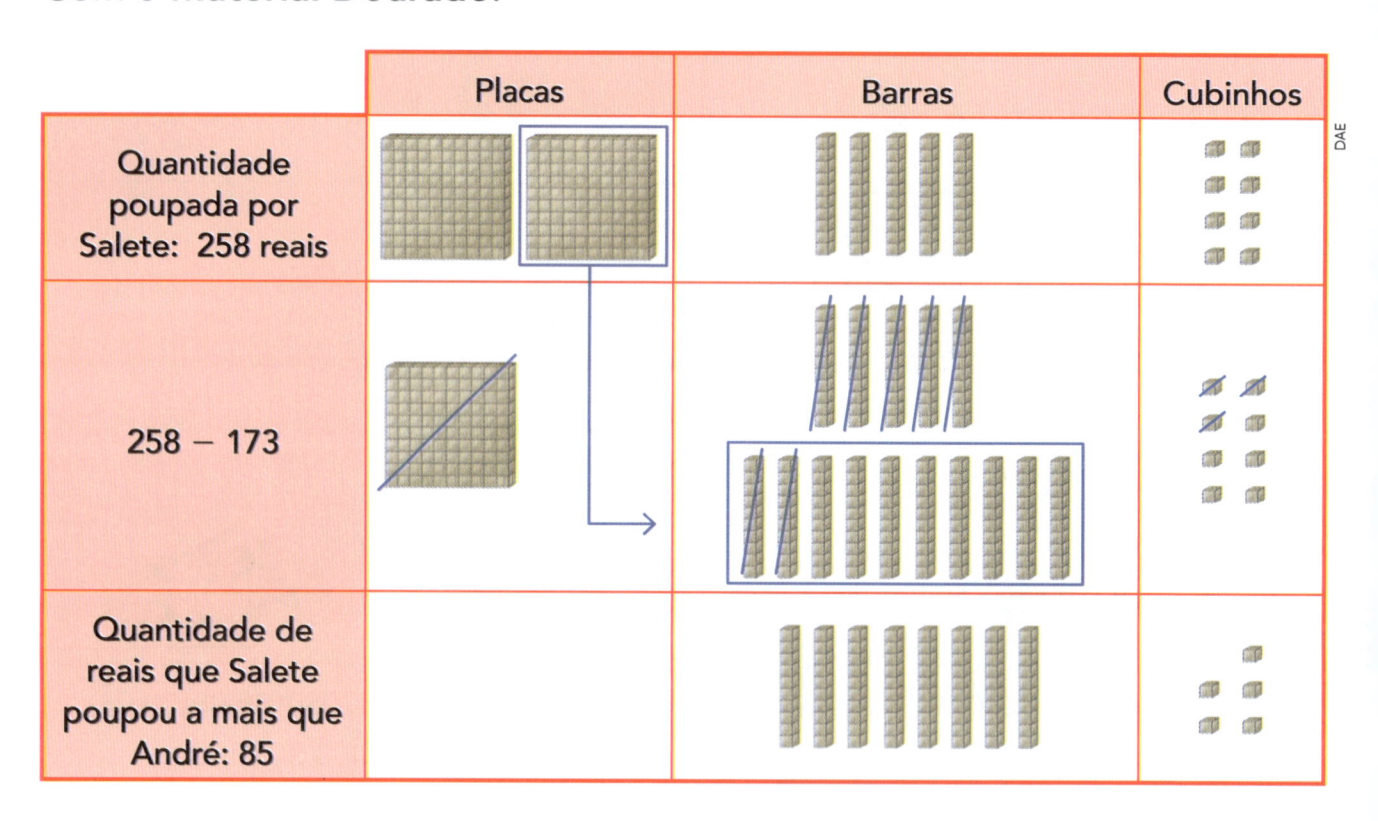

	Placas	Barras	Cubinhos
Quantidade poupada por Salete: 258 reais			
258 − 173			
Quantidade de reais que Salete poupou a mais que André: 85			

- No **quadro de ordens** e com o **algoritmo usual**:

Quadro de ordens

C	D	U
2	5	8
− 1	7	3
?		5

Transformando 1C em 10D →

C	D	U
1	¹5	8
− 1	7	3
0	8	5

Algoritmo usual

```
  2 5 8
−   7 5 0
  ─────
      8 5
```

Como não é possível subtrair 7D de 5D, com a transformação, ficam 15D e 1C. Assim: 8U − 3U = 5U; 15D − 7D = 8D; 1C − 1C = 0C.

Portanto, Salete poupou 85 reais a mais que André.

As pessoas consomem água de diversas formas e, muitas vezes, sem perceber. Veja na tabela quanta água é necessária para a produção de apenas 1 kg de alguns alimentos.

Quantidade de água potável necessária para produzir alimentos	
Alimento	Litros de água potável
Arroz (1 kg)	2 500
Manteiga (1 kg)	18 000
Leite (1 kg)	712,5
Queijo (1 kg)	5 280
Batata (1 kg)	132,5
Carne de boi (1 kg)	17 100
Banana (1 kg)	499
Carne de frango (1 kg)	3 700

Fonte: Companhia de Saneamento Básico do Estado de São Paulo (Sabesp).

1 De acordo com as informações da tabela, responda:

a) O que consome a maior quantidade de água para ser produzido, 1 kg de queijo ou 1 kg de arroz?

_____

b) Quantos litros de água são consumidos na produção de 2 kg de arroz?

_____

c) Em relação à produção de 1 kg de arroz, quantos litros de água a mais são necessários para produzir 1 kg de queijo?

São consumidos _____ litros de água a mais.

2 Um produto cujo valor é R$ 62.350,00 está sendo vendido por R$ 61.800,00.

a) De quantos reais é o desconto?

_____

b) Por que é importante pesquisar o preço de um produto antes de comprá-lo?

_____

3 Quando alguém vende um produto por um preço maior do que pagou, obtém uma diferença em dinheiro chamada lucro. Calcule os valores de **A**, **B**, **C** e **D** indicados no quadro a seguir.

Preço de compra (em reais)	Preço de venda (em reais)	Lucro (em reais)
695	920	**A**
3820	5140	**B**
C	3600	800
D	15700	2650

4 O total de estudantes matriculados em uma escola é 1 350. Desse total, 405 estudam no período da manhã e 590, no período da tarde. Quantos estudantes dessa escola estudam no período da noite?

_____

5) Os estudantes de uma escola conheceram um local onde se faz a reciclagem de papel.

Central Mecanizada de Triagem Carolina Maria de Jesus, bairro de Santo Amaro, São Paulo, abril de 2016.

a) Se houver no estoque 1230 folhas de papel reciclado e forem utilizadas 900 folhas, quantas folhas sobrarão?

_____

b) Serão produzidas 1870 folhas de papel na cor verde e 239 na cor azul, quantas folhas de papel reciclado serão produzidas nessas duas cores?

_____

c) Quantas folhas de papel verde serão produzidas a mais do que folhas azuis?

_____
_____

d) No estoque de papéis coletados para reciclar havia 1200 kg e chegou um novo carregamento. Agora no estoque há 1700 kg de papéis coletados que serão reciclados. Quantos quilos de papel chegou no carregamento?

_____

6 Observe e acompanhe a relação entre a adição e a subtração a seguir.

UM	C	D	U
3	9	1	0
+2	5	7	3
6	4	8	3

→ parcela
→ parcela
→ soma ou total

UM	C	D	U
6	4	8	3
−3	9	1	0
2	5	7	3

> Você pode usar a subtração para conferir se a adição está correta e vice-versa.

> Isso porque a adição e a subtração são operações inversas.

Agora, efetue e confira os resultados usando a operação inversa.

a) 135 + 48 = _____

b) 1 492 − 306 = _____

c) 23 910 + 12 340 = _____

7 Digite na calculadora o número 28 357.
Realize sucessivamente as seguintes operações e registre os resultados:

- adicione 20 unidades. _____
- subtraia 8 milhares. _____
- subtraia 4 unidades. _____
- subtraia 20 mil unidades. Que número apareceu no visor? _____

8 Observe os números a seguir.

162	199	921
100	600	2 228

Responda utilizando um desses números e confira os resultados com a calculadora.

a) É a 2ª parcela da adição em que a 1ª parcela é 20 343 e o total é 20 505. _____

b) Número que representa o subtraendo cujo minuendo é 728 e a diferença é 628. _____

c) Subtraindo esse número de 4 400, obtemos 3 800. _____

d) É o número que representa a diferença entre 1 829 e 1 630. _____

e) Se você subtrair 120 desse número, a diferença será 801. _____

f) É o resultado da adição de 1 816 com 412. _____

9 Júlio calculou 177 − 69 de duas maneiras diferentes.

- Retirou 60 de 177, depois retirou 9 e chegou em 108.

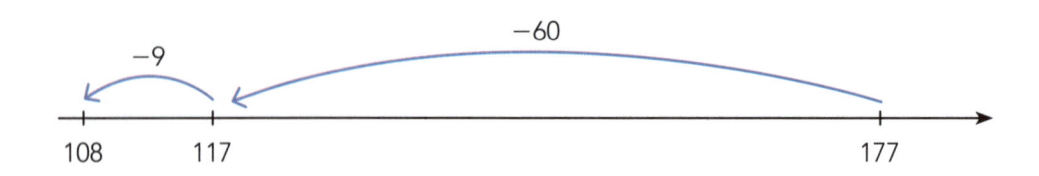

- Contou quanto falta ao 69 para chegar a 177 (1 + 100 + 7 = 108).

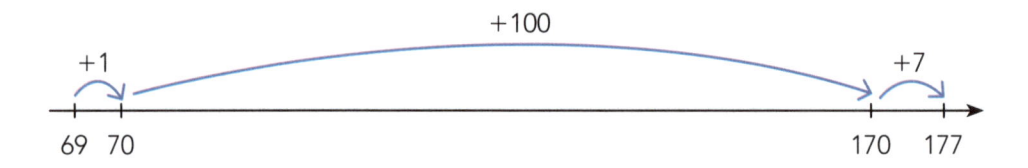

Use uma das estratégias de Júlio e calcule. Depois, aplique a operação inversa para conferir os resultados.

a) 229 − 170 = _____

b) 416 − 228 = _____

MULTITECA

Seis razões para cuidar bem da água, de Nílson José Machado e Silmara Rascalha Casadei. São Paulo: Escriturinha, 2006.

A obra propõe a consciência ambiental, o respeito ao ser humano e ao planeta, cuidados urgentes com "nossa casa", a necessidade da reciclagem e caminhos para uma vida sustentável e equilibrada.

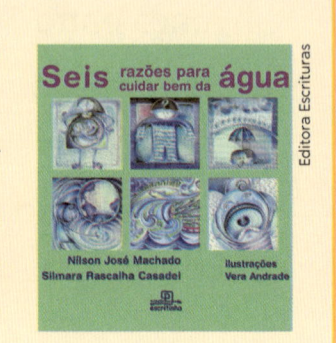

QUE TAL VER DE NOVO?

1 Uma reta é perpendicular a outra, quando:

a) ☐ se cruzam formando um ângulo maior que o ângulo reto.

b) ☐ se cruzam formando ângulos retos.

c) ☐ se cruzam formando ângulos menores que o reto.

d) ☐ não se cruzam.

2 Uma reta é paralela a outra, quando:

a) ☐ mantém a mesma distância entre si.

b) ☐ as distâncias entre si são diferentes.

c) ☐ são perpendiculares entre si.

d) ☐ formam ângulos retos ao se cruzarem.

3 (PAAE-MG) Ao folhear um livro, Catarina encontrou esta operação de adição de números naturais.

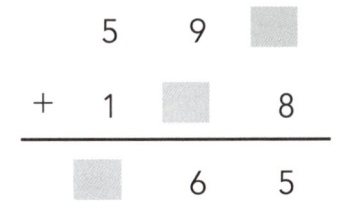

$$\begin{array}{r} 5\,9\,\blacksquare \\ +\ 1\,\blacksquare\,8 \\ \hline \blacksquare\,6\,5 \end{array}$$

Como o livro era muito antigo, três algarismos estavam apagados. No esquema, esses algarismos estão representados por retângulos sombreados. Catarina usou seus conhecimentos sobre as operações com números naturais e descobriu os valores corretos dos três algarismos apagados.

A soma dos algarismos que estão apagados é igual a:

a) ☐ 12.   b) ☐ 16.   c) ☐ 20.   d) ☐ 21.

4 Qual é a diferença entre 2 516 e 1 352?

a) ☐ 1 024

b) ☐ 625

c) ☐ 984

d) ☐ 1 164

5 No esquema ao lado, qual é o valor correspondente ao sinal "?", após serem realizadas as operações indicadas?

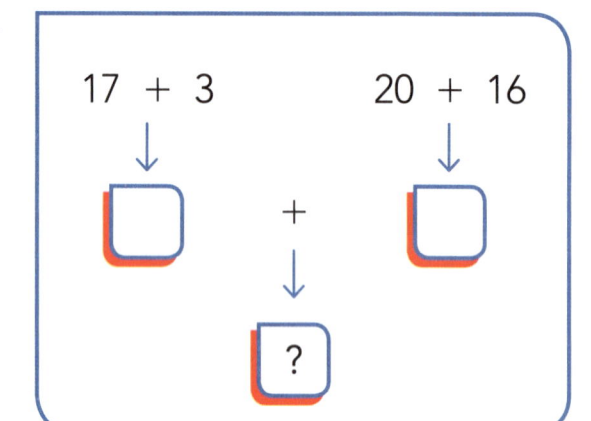

a) ☐ 24

b) ☐ 28

c) ☐ 36

d) ☐ 56

17 + 3   20 + 16
  ↓   ↓
 ☐   +   ☐
          ↓
         ☐ ?

6 Na subtração 127 − ? = 111, qual é o número que representa o subtraendo?

a) ☐ 19

b) ☐ 18

c) ☐ 17

d) ☐ 16

7 Qual é a diferença entre 1 575 e 1 220?

a) ☐ 331

b) ☐ 335

c) ☐ 332

d) ☐ 338

8 Na subtração 535 − 227 = 308, qual das maneiras pode ser aplicada para fazer a operação inversa?

a) ☐ 308 + 227

b) ☐ 535 − 227

c) ☐ 535 − 308

d) ☐ 535 + 227

9 O jogo a seguir consiste em soltar no tabuleiro uma quantidade previamente combinada de bolinhas que, ao passarem por obstáculos, cairão em algumas das casas numeradas na parte de baixo do tabuleiro. O resultado é obtido adicionando o valor das casas em que as bolinhas caíram.

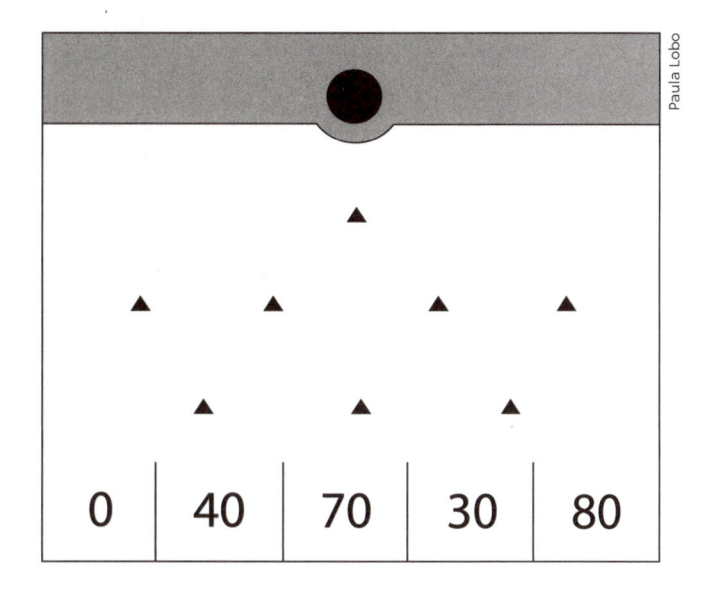

| 0 | 40 | 70 | 30 | 80 |

Luciana jogou 2 bolinhas. Qual dos valores a seguir não poderá ser sua pontuação?

a) ☐ 100

b) ☐ 110

c) ☐ 120

d) ☐ 130

e) ☐ 150

UNIDADE 4
CONHECER E CUIDAR

O Brasil possui um imenso território e nele se encontra uma das maiores diversidades da flora e fauna do mundo. De acordo com estudos recentes, são reconhecidas 118 980 espécies em nossa fauna e 46 773 espécies em nossa flora.

O ser humano, como parte dessa biodiversidade, interage com os outros seres e precisa viver de forma harmônica com todos eles. As relações desarmônicas causam grandes prejuízos à natureza e à vida no planeta.

RODA DE CONVERSA

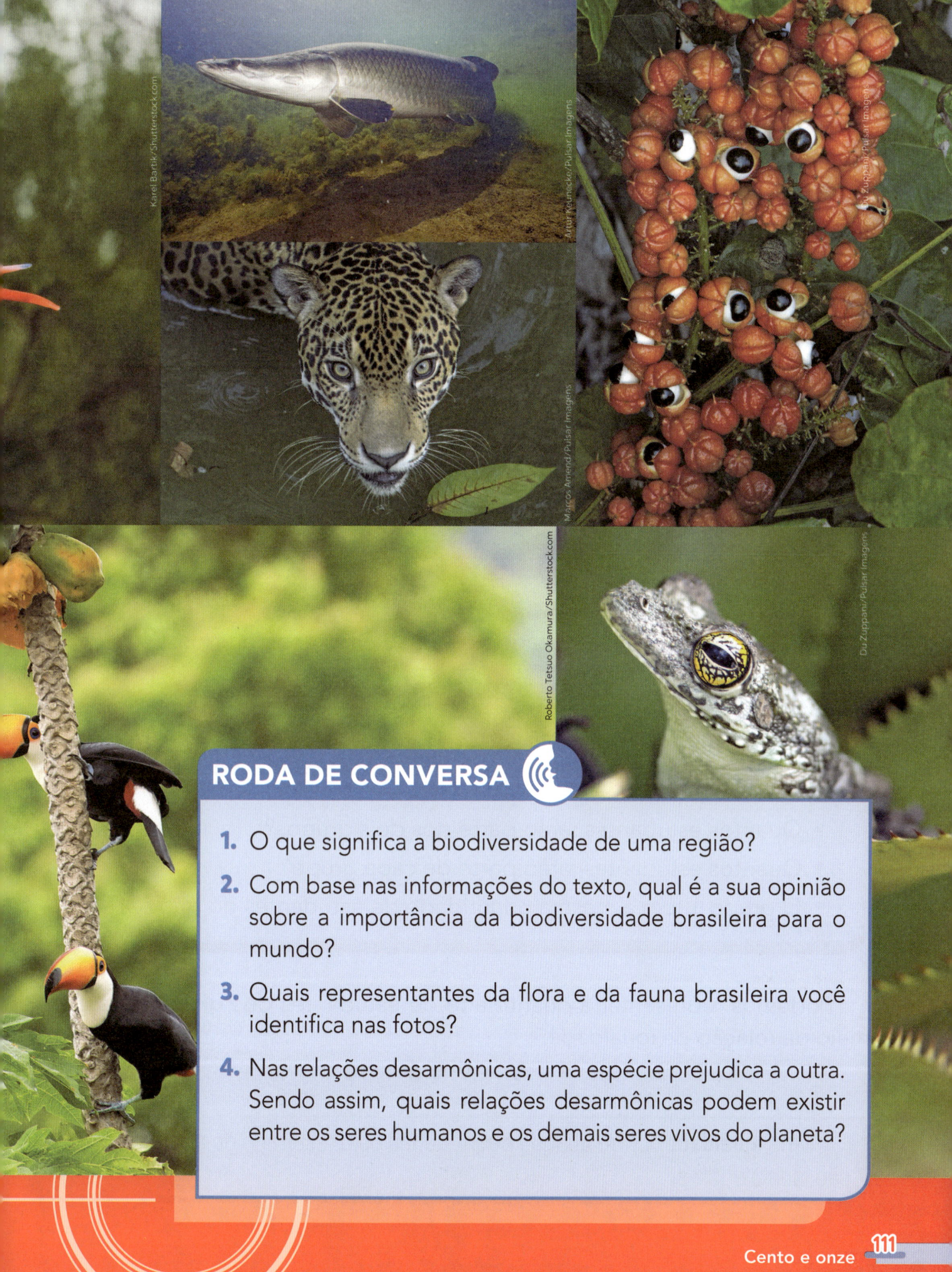

1. O que significa a biodiversidade de uma região?

2. Com base nas informações do texto, qual é a sua opinião sobre a importância da biodiversidade brasileira para o mundo?

3. Quais representantes da flora e da fauna brasileira você identifica nas fotos?

4. Nas relações desarmônicas, uma espécie prejudica a outra. Sendo assim, quais relações desarmônicas podem existir entre os seres humanos e os demais seres vivos do planeta?

1. PROPRIEDADES DA IGUALDADE

Em um projeto sobre proteção do meio ambiente, estudantes do 4º ano farão uma pesquisa na biblioteca da escola para descobrir os animais em risco de extinção.

O professor está organizando os estudantes em 2 grupos:

Grupo 1
4º ano A – 7 estudantes
4º ano B – 9 estudantes

Grupo 2
4º ano C – 6 estudantes
4º ano D – 10 estudantes

- Quantos estudantes farão parte dos dois grupos?
- Quantos estudantes farão parte de cada grupo?
- O grupo 1 tem a mesma quantidade de estudantes do que o 2?

Podemos representar a quantidade de estudantes dos **grupos 1** e **2** por meio da relação de igualdade:

$$7 + 9 = 6 + 10$$

Uma **igualdade** ocorre quando quantidades ou o resultado de duas operações são iguais entre si.

1 Observe os grupos da página anterior. Se 3 estudantes do **grupo 1** passarem a fazer parte do **grupo 2**, o que poderá ser feito para que os dois grupos permaneçam com o mesmo número de estudantes?

_____

_____

2 Leia uma notícia sobre o nascimento de um filhote de anta pesquisada pelos estudantes na internet.

Nasce mais um filhote de anta no Refúgio Biológico Bela Vista

A família de antas (*Tapirus terrestris*) do Refúgio Biológico Bela Vista, da Itaipu Binacional, em Foz de Iguaçu (PR), ganhou um novo integrante no último dia 17 de outubro de 2015. O pequeno mamífero, macho, com pelagem rajada que lembra uma melancia, nasceu com cerca de 8 quilos e está muito bem de saúde. [...]

Nasce mais um filhote de anta no Refúgio Biológico Bela Vista. *In*: ITAIPU BINACIONAL. Foz do Iguaçu, 4 nov. 2015. Disponível em: https://www.itaipu.gov.br/sala-de-imprensa/noticia/nasce-mais-um-filhote-de-anta-no-refugio-biologico-bela-vista. Acesso em: 20 fev. 2020.

Filhote de anta.

a) Em que dia, mês e ano nasceu o filhote?

_____

b) A anta é considerada o maior mamífero terrestre da fauna brasileira. Está na lista de animais que correm risco de extinção. A massa corporal de uma anta adulta é de aproximadamente 250 kg.

Cerca de quantos quilogramas a anta filhote da notícia deve adquirir para alcançar a massa corporal da anta adulta? Complete a relação de igualdade:

250 kg = 8 kg + _____ kg

3 Veja a seguir a informação a respeito de outro *site* acessado pelos estudantes. Desta vez é sobre o lobo-guará.

O projeto "Sou Amigo do Lobo" visa à conservação do lobo-guará na Serra da Canastra, em Minas Gerais. Busca informar e envolver todos os moradores da região e a sociedade em geral sobre a conservação dessa espécie animal.

Fonte: Sou amigo do lobo. *In*: SOU AMIGO DO LOBO. [*S. l.*], c2020. Disponível em: http://amigodolobo.org/sou-amigo-do-lobo/. Acesso em: 14 fev. 2020.

Lobo-guará.

Imagine que, em uma quinta-feira, tenham ocorrido 179 visualizações no *site* do projeto "Sou Amigo do Lobo", e na sexta-feira, outros 120 visitantes tenham acessado o mesmo *site*.

a) Quantos visitantes a mais precisariam ter acessado o *site* na sexta-feira para que o número de visualizações fosse o mesmo nos dois dias?

_____

b) Complete a relação de igualdade: 179 = _____ + _____.

MULTITECA

Acesse o *site* e conheça o projeto "Sou Amigo do Lobo", disponível em: https://nossacausa.com/conheca-o-projeto-sou-amigo-lobo/. (acesso em: 8 jan. 2021).

Assista no *site* ao vídeo *Projeto Sou Amigo do Lobo*. Nele, uma menina de 5 anos explica o papel do lobo-guará no Cerrado.

4 Complete as sentenças para que as igualdades sejam verdadeiras.

a) 37 + 41 = 70 + _____ = 50 + _____ = 30 + 32 + _____ = _____ + _____

b) 90 − 15 = 100 − _____ = 95 − _____ = 110 − _____ = _____ + _____

5 O número de visitantes a um parque de preservação ambiental está representado a seguir.

Número de visitantes	
Dias da semana	Número de visitantes
Terça-feira	70
Quarta-feira	43
Quinta-feira	67
Sexta-feira	50
Sábado	108
Domingo	190

Fonte: Administração do parque.

a) Quantos visitantes o parque teria que receber a mais na quinta e sexta-feira para ter a mesma quantidade total de visitantes do sábado e do domingo? _____

b) Complete a igualdade: 108 + 190 = 67 + 50 + _____

6 A igualdade também pode ser observada no equilíbrio dos pratos de uma balança. Veja a quantidade de massa em cada prato desta balança, que está em desequilíbrio.

a) Circule os pesos que você colocaria no prato da balança à direita para que ela ficasse equilibrada.

b) Represente essa relação de igualdade.

_____

7 Em uma campanha municipal de vacinação antirrábica, foram vacinados 4 382 cães e 2 312 gatos.

a) Quantos cães e gatos foram vacinados nesse município? _____

b) Complete a igualdade para que o número de cães vacinados seja o mesmo que o número de gatos.
4 382 = 2 312 + _____

c) A meta da Secretaria Municipal de Saúde era vacinar 5 000 cães. Complete a igualdade para que o número de cães vacinados possa atingir a meta.
5 000 = 4 382 + _____

8 Juliano e Bárbara iniciaram uma coleção de selos sobre a fauna do Brasil e de outros países. Veja quantos selos eles têm.

Juliano
18 selos do Brasil e 9 selos de outros países

Bárbara
9 selos do Brasil e 10 selos de outros países

Complete a igualdade, para que Bárbara fique com a mesma quantidade de selos de Juliano.

27 = _____ + _____

CURIOSIDADES

Fauna brasileira

No Brasil, a entidade responsável pelo mapeamento da fauna, ou seja, dos animais existentes no país, é o ICMBio – Instituto Chico Mendes de Conservação da Biodiversidade, ligado ao Ministério do Meio Ambiente.

[...]

Também é feito pelo ICMBio o estudo dos animais ameaçados de extinção [...]

O gráfico ao lado mostra a situação das espécies de animais ameaçadas de extinção em 2014.

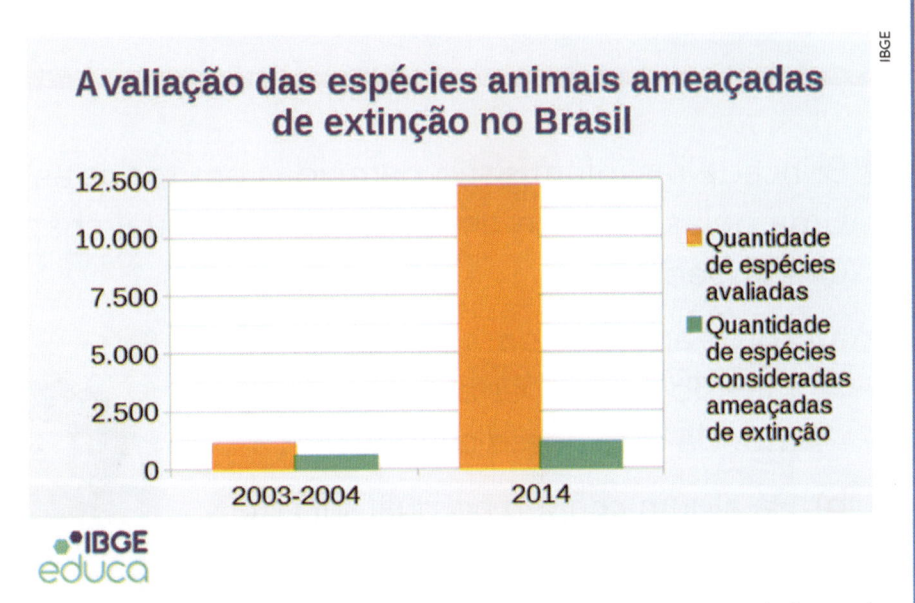

Avaliação das espécies animais ameaçadas de extinção no Brasil

- Quantidade de espécies avaliadas
- Quantidade de espécies consideradas ameaçadas de extinção

Fauna brasileira. *In*: IBGE EDUCA. *Jovens*. Rio de Janeiro, c2020. Disponível em: https://educa.ibge.gov.br/jovens/conheca-o-brasil/territorio/18309-a-fauna-brasileira.html. Acesso em: 30 dez. 2020.

2. ANÁLISE DE CHANCE E EVENTOS ALEATÓRIOS

As mudanças no clima têm alterado o regime de chuvas em muitas regiões. Os ambientes e os seres vivos foram muito afetados. Leia a notícia a seguir.

[...] 80 milhões de pessoas da Região Sudeste do Brasil foram castigadas pela seca que já assombra o Nordeste há tempos. Foi a pior crise hídrica nos últimos 80 anos [...]

A população ficou em estado de alerta e nunca se falou tanto em economizar água. A ideia de racionamento assombrou a população da Região Sudeste por quase dois anos e, em muitas cidades, a escassez de água foi especialmente dura, com uma rotina de improvisos para garantir o mínimo necessário.

Dino. O que a crise hídrica ensinou ao Sudeste. *Terra*, São Paulo, 19 set. 2016. Disponível em: https://www.terra.com.br/noticias/dino/o-que-a-crise-hidrica-ensinou-ao-sudeste,75f0eb2fa0e0501c173b54984872a4942lkhlaal.html. Acesso em: 14 fev. 2020

- A crise hídrica ocorre quando a seca e a redução de oferta de água atingem níveis preocupantes. De acordo com o texto, o que fazem as pessoas nessa situação?
- Havia chance de a Região Sudeste normalizar o abastecimento de água durante a seca?

1 Brincadeiras infantis são parecidas em todas as regiões brasileiras. Uma delas consiste em adivinhar sob qual chapéu está escondida uma moeda.

a) Jorge apontou para o chapéu identificado com a letra B. Será que a moeda está nesse chapéu?

b) Há algum chapéu no qual seja mais provável que se encontre a moeda?

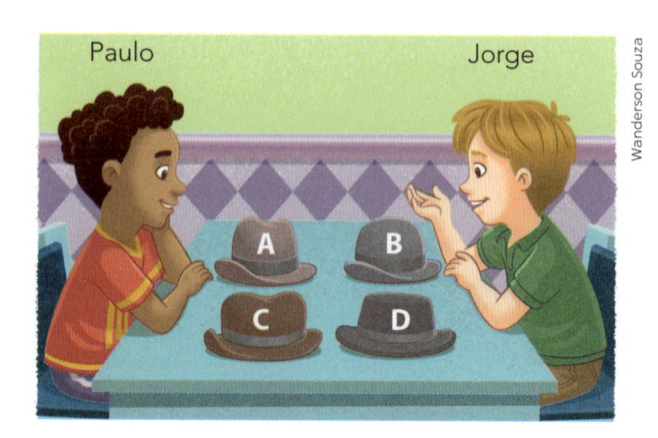

2 Vilma e Bruno vão jogar dados com as faces numeradas de 1 a 6. Eles querem adivinhar, antes de lançar, qual das faces do dado estará voltada para cima a cada lançamento.

a) Quais são as chances de a face que Vilma indicou ficar voltada para cima após o lançamento?

_____

b) Explique por que Bruno, ao indicar só um número de 1 a 6 e lançar o dado, terá as mesmas chances que Vilma.

_____

3 Agora é sua vez de adivinhar. As etiquetas indicam quantas balas de cada sabor contém cada um dos saquinhos a seguir.

A	B	C	D
40 de hortelã	30 de hortelã	20 de hortelã	30 de hortelã
30 de café	30 de café	50 de café	20 de café
20 de coco	30 de coco	20 de coco	40 de coco

Uma pessoa vai retirar, sem olhar, uma bala de um desses saquinhos. Qual dos saquinhos essa pessoa deve escolher para ter maior chance de retirar uma bala de:

a) hortelã? _____ b) café? _____ c) coco? _____

4 Duas amigas vão jogar palitos. Cada uma vai receber 5 palitos e colocar de 1 a 5 palitos em uma das mãos e fechá-la. Elas devem adivinhar quantos palitos há na mão fechada da sua colega.

Quem tem mais chance de ganhar: a que escolhe 3 palitos ou a que escolhe 5 palitos? _____

3. MEDIDAS DE COMPRIMENTO

O **Projeto Baleia Jubarte** foi criado em 1988, para estudar e proteger as jubartes que migram anualmente para a Bahia durante os meses de inverno e primavera, onde acasalam e amamentam os filhotes.

Projeto Baleia Jubarte. *In*: ABROLHOS. [*S. l.*], c2020. Disponível em: http://www.abrolhos.net/abrolhos/projeto.htm. Acesso em: 30 dez. 2020.

A baleia jubarte é um dos maiores mamíferos aquáticos, chega a ter 16 metros de comprimento e massa de 40 toneladas. Um filhote de jubarte mede cerca de 4 metros e tem massa aproximada de 1 000 quilogramas.

Roberto da Graça Lopes; Cibele Santos Silva. *As baleias de barbatanas*. [São Paulo]: [s. n.], 2010. Disponível em: https://www.pesca.sp.gov.br/BaleiasRevistaCurumim.pdf. Acesso em: 22 fev. 2021.

Baleia jubarte.

- Além da jubarte, qual outra espécie de baleia você conhece ou ouviu falar?
- Quantos metros, em média, a jubarte filhote mede a menos que a adulta?

O **metro** (**m**) é a unidade de base de medida de comprimento do **Sistema Internacional de Unidades** (**SI**).

Para medir comprimentos **maiores** ou **menores** que o metro, usamos outras unidades.

Multiplicando 1 metro por 10, 100 e 1000, obtemos unidades maiores que ele, que são seus **múltiplos**: o decâmetro, o hectômetro e o quilômetro.

Dividindo o metro por 10, 100 ou 1000, obtemos unidades **menores** que ele, que são seus **submúltiplos**: o decímetro, o centímetro e o milímetro.

As unidades de medida de comprimento mais utilizadas no cotidiano são **o quilômetro, o metro, o centímetro e o milímetro**. Essas unidades podem se transformar umas nas outras, pois têm equivalência. Veja alguns exemplos.

1 km (1 quilômetro) equivale a **1000 m** (1000 metros)
1 m (1 metro) equivale a **100 cm** (100 centímetros)
1 cm (1 centímetro) equivale a **10 mm** (10 milímetros)

1) Pense nas situações a seguir e responda:

a) Você já usou ou presenciou o uso de unidades de medida maiores que o metro? Que instrumentos de medida foram utilizados para a medição?

___

b) Você já usou ou presenciou o uso de unidades de medida menores que o metro? Que instrumentos de medida foram utilizados para a medição?

___

2) Que unidade de medida de comprimento seria recomendada para medir:

a) a largura de uma ponte? ___

b) a distância entre duas cidades? ___

c) a espessura (grossura) de uma folha de árvore? ___

d) o comprimento de uma estrada? ___

e) o comprimento de uma rã? ___

3) Talita percorre diariamente para ir e voltar do trabalho aproximadamente quatro quilômetros e meio. Esse percurso é de, aproximadamente, quantos metros?

___

4 Analise os dados da tabela a seguir.

Ponto mais profundo nos oceanos	
Local	Profundidade (em m)
Fossa das Ilhas Marianas (Oceano Pacífico)	10 971
Fossa de Porto Rico (Oceano Atlântico)	8 605
Fossa de Java (Oceano Índico)	7 125

Fonte: Almanaque Abril 2015. São Paulo: Abril, 2015. p. 338.

a) Arredonde os dados da tabela para a unidade de milhar mais próxima.

_____

b) Usando os dados arredondados, responda quantos quilômetros de profundidade tem, aproximadamente:

- a Fossa das Ilhas Marianas; _____

- a Fossa de Java. _____

c) Utilizando os valores sem arredondamento, qual é a diferença, em metros, entre a profundidade da Fossa das Ilhas Marianas e da Fossa de Java?

_____

5 Edna e seus amigos sabem que o combustível dos veículos polui o ar e pretendem usar menos o carro. No fim de semana, fazem passeios de bicicleta. No primeiro passeio, percorreram 15 650 metros. No segundo passeio foram 12 830 metros. Finalmente, no último passeio, percorreram 738 metros a menos que no segundo passeio.

a) Quantos metros eles percorreram no total? _____

b) No segundo passeio eles percorreram quantos metros a menos que no primeiro? _____

6 Em alguns países de língua inglesa, a **milha** é a unidade usada para medir distâncias, sendo que **1 milha** equivale a **1 609 metros**. Carlos foi a Nova York e reservou um hotel a 2 milhas de distância do aeroporto. Quantos metros ele percorrerá para chegar ao hotel?

_____

7 Júnior conduz seu veículo do Rio de Janeiro para Petrópolis. A distância entre essas duas cidades é de 67 km. No final do dia, ele regressa ao Rio de Janeiro pela mesma estrada.

a) Usando valores aproximados, qual foi a distância percorrida desde a saída do Rio de Janeiro até o local indicado pela placa? Justifique sua resposta. _____

_____

_____

b) Quantos quilômetros serão percorridos nessa estrada, considerando ida e volta?

_____

PARA DESCONTRAIR

— Vamos brincar?
— Não. Estou cansado. Tive que correr atrás do Pelota, que fugiu.

— Mas uma volta no quarteirão nem é cansativo!
— Correr quase 400 metros é cansativo!!!

— Então vamos ficar conversando. Conversar não cansa.
— Desculpe, mas hoje estou exausto! Fica para outro dia.

— Então, Pelota, já que você gosta de correr na rua, vai correr bastante em nosso quintal. Pegue a bolinha!! Traga a bolinha! Pegue a bolinha...

Cento e vinte e três

OLHANDO PARA O MUNDO

TARTARUGAS MARINHAS

Mares e oceanos são berços de diversas espécies de tartarugas marinhas.

O Projeto Tamar, criado em 1980, é conhecido internacionalmente como uma das mais bem-sucedidas experiências de conservação marinha.

Esse projeto é responsável pela pesquisa, conservação e manejo das cinco espécies de tartarugas marinhas que existem no Brasil, todas ameaçadas de extinção.

Fonte: Missão. *In*: PROJETO TAMAR. [*S. l.*], c2011. Disponível em: https://www.tamar.org.br/interna.php?cod=63. Acesso em: 20 fev. 2020.

Tartaruga-oliva. Comprimento: até 82 cm. Massa: até 40 kg.

Tartaruga cabeçuda ou mestiça. Comprimento: até 136 cm. Massa: 100 a 180 kg.

Tartaruga-de-pente ou legítima. Comprimento: até 114 cm. Massa: até 150 kg.

Tartaruga-de-couro ou gigante. Comprimento: até 182 cm. Massa: até 700 kg.

Tartaruga-verde ou aruanã. Comprimento: até 143 cm. Massa: até 200 kg.

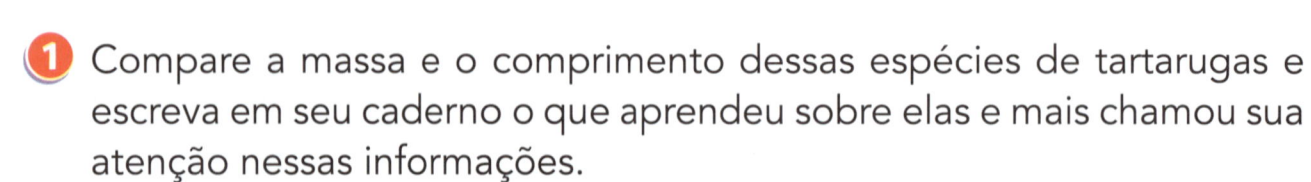

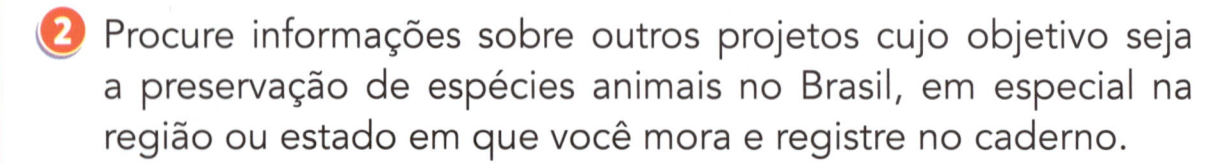

1. Compare a massa e o comprimento dessas espécies de tartarugas e escreva em seu caderno o que aprendeu sobre elas e mais chamou sua atenção nessas informações.

2. Procure informações sobre outros projetos cujo objetivo seja a preservação de espécies animais no Brasil, em especial na região ou estado em que você mora e registre no caderno.

4. PERÍMETRO

Uma ação importante para contribuir para a preservação do meio ambiente, da flora e da fauna, é plantar árvores.

Depois do plantio, Vera, Ari e Neide estão cercando com cordas os canteiros das mudas de árvores que plantaram, para protegê-las.

Observe as medidas dos lados dos canteiros nas representações a seguir.

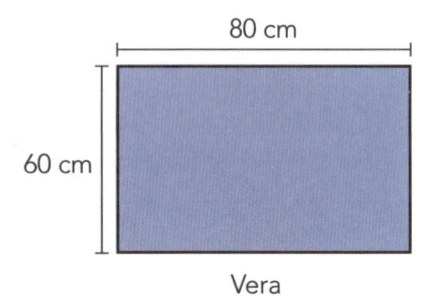

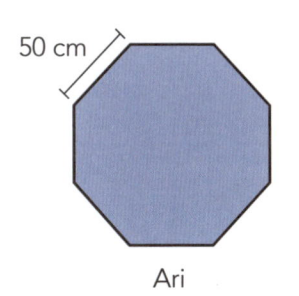

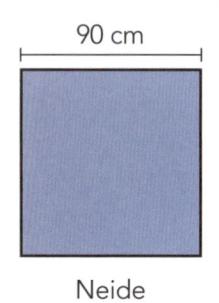

Vera: 80 cm × 60 cm

Ari: 50 cm

Neide: 90 cm

- Quanto mede cada lado das regiões que Neide está demarcando?
- Quantos centímetros de corda Neide utilizará para delimitar essa região?

Veja como Vera descobriu quantos centímetros de corda vai precisar para delimitar a região de seu canteiro.

Ela observou as medidas dos lados.

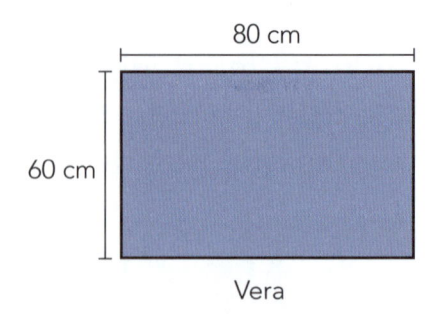

80 cm
60 cm
Vera

Em seguida, adicionou essas medidas e encontrou:
80 + 60 + 80 + 60 = 280.
Portanto, Vera deverá utilizar 280 cm de corda.
Essa medida é chamada de **perímetro**.

> A soma das medidas do comprimento de todos os lados de uma figura geométrica plana, chama-se **perímetro**.

1 Observe novamente a representação do canteiro de Ari.

50 cm
Ari

a) Calcule quantos centímetros de corda ele vai precisar para cercar seu canteiro. _____

b) Ari tem 5 metros de corda. Quantos centímetros sobrarão?

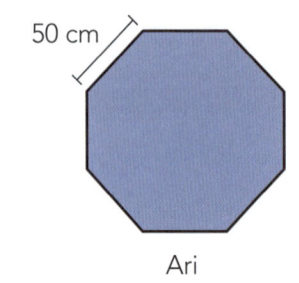

2 Observe os polígonos a seguir e determine o perímetro de cada um. Considere que cada lado do quadradinho mede 1 cm.

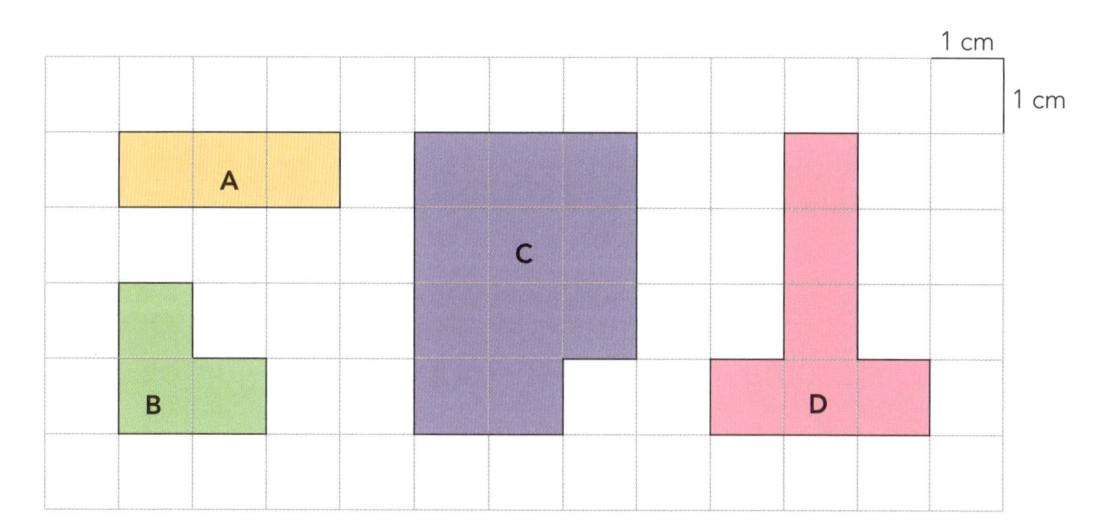

1 cm
1 cm

A: _____   C: _____
B: _____   D: _____

3 Mariana percorreu de bicicleta o circuito ao redor do parque representado na figura ao lado.
Quantos metros ela percorreu em uma volta completa?

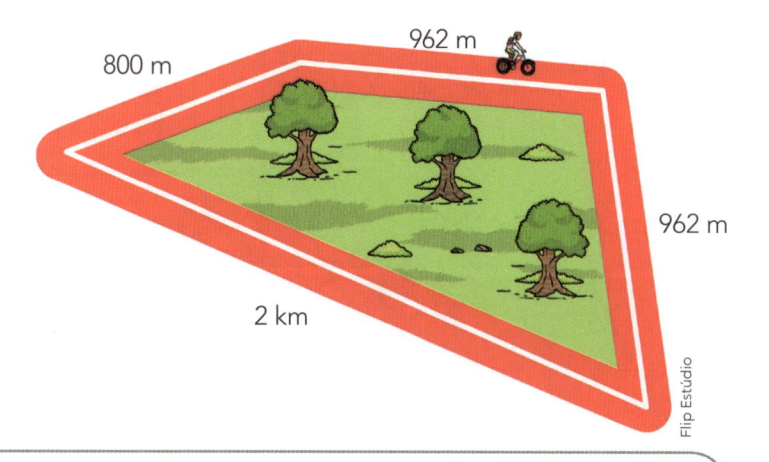

_____

962 m
800 m
962 m
2 km

Cento e vinte e sete

4) Um lado de um retângulo mede 16 cm e o outro lado tem a metade dessa medida.

Qual é a medida do lado de um quadrado cujo perímetro é igual ao perímetro desse retângulo?

_____

5) No acampamento Férias Divertidas, as crianças são agrupadas por idade para participar de uma caminhada. Todos saíram juntos do ponto de encontro.

PROGRAMAÇÃO DO DIA
EQUIPE A – BOSQUE – 612 METROS
EQUIPE B – TANQUE DE PEIXES – 1754 METROS
EQUIPE C – ORQUIDÁRIO – 1962 METROS

Que equipe andará mais?

Puxa! Até o orquidário são quase 2 quilômetros!

a) Com base nas informações, responda à pergunta da menina da equipe A. _____

b) Em sua opinião, o menino da equipe C está certo em sua estimativa? Por quê? _____

QUE TAL VER DE NOVO?

1 Os estudantes ficaram encarregados de trazer embalagens de garrafas PET e de latinhas limpas para serem usadas no plantio de mudas. Foram arrecadadas 8 362 latinhas e 1 759 garrafas.

Para obter a mesma quantidade de latinhas, quantas embalagens de garrafa PET deveriam ser levadas a mais para a escola? Assinale a alternativa com a relação de igualdade que representa essa situação.

a) ☐ 8 362 = 1 759 + 6 603

b) ☐ 8 362 = 1 759 + 5 603

c) ☐ 8 362 = 1 759 + 4 603

d) ☐ 8 362 = 1 759 + 3 603

2 Clara colocou 4 bolinhas vermelhas, 3 verdes, 2 brancas e 1 azul em uma caixa e fechou-a. Em seguida, ela disse ao amigo João: se, de olhos fechados, você tirar uma bolinha azul dessa caixa, então poderá ficar com todas as bolinhas. Qual é a chance de João tirar a bolinha azul?

a) ☐ Uma chance entre 10.

b) ☐ Duas chances entre 10.

c) ☐ Três chances entre 10.

d) ☐ Quatro chances entre 10.

3 (Prova Brasil) Uma pessoa faz caminhadas em uma pista desenhada em um piso quadriculado, no qual o lado de cada quadrado mede 1 m. A figura a seguir representa essa pista.

Quantos metros essa pessoa percorre ao completar uma volta?

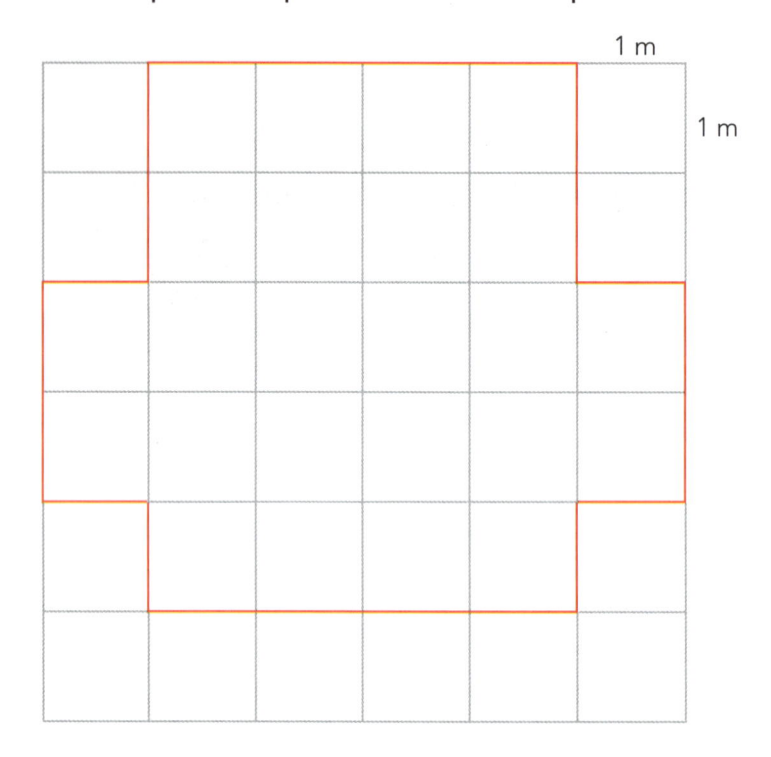

a) ☐ 36 m
b) ☐ 24 m
c) ☐ 22 m
d) ☐ 20 m

4 Bruno faz caminhada diariamente em volta de uma praça retangular de 400 m de comprimento por 230 m de largura.

Qual é o perímetro dessa praça?

a) ☐ 2 580 m
b) ☐ 1 260 m
c) ☐ 1 110 m
d) ☐ 1 250 m

5 (Prova Brasil) Jorge saiu de sua casa localizada no ponto **P**, passou no banco (ponto **Q**), foi à escola (ponto **R**), passou na padaria (ponto **S**) e voltou para casa seguindo o trajeto marcado na figura abaixo.

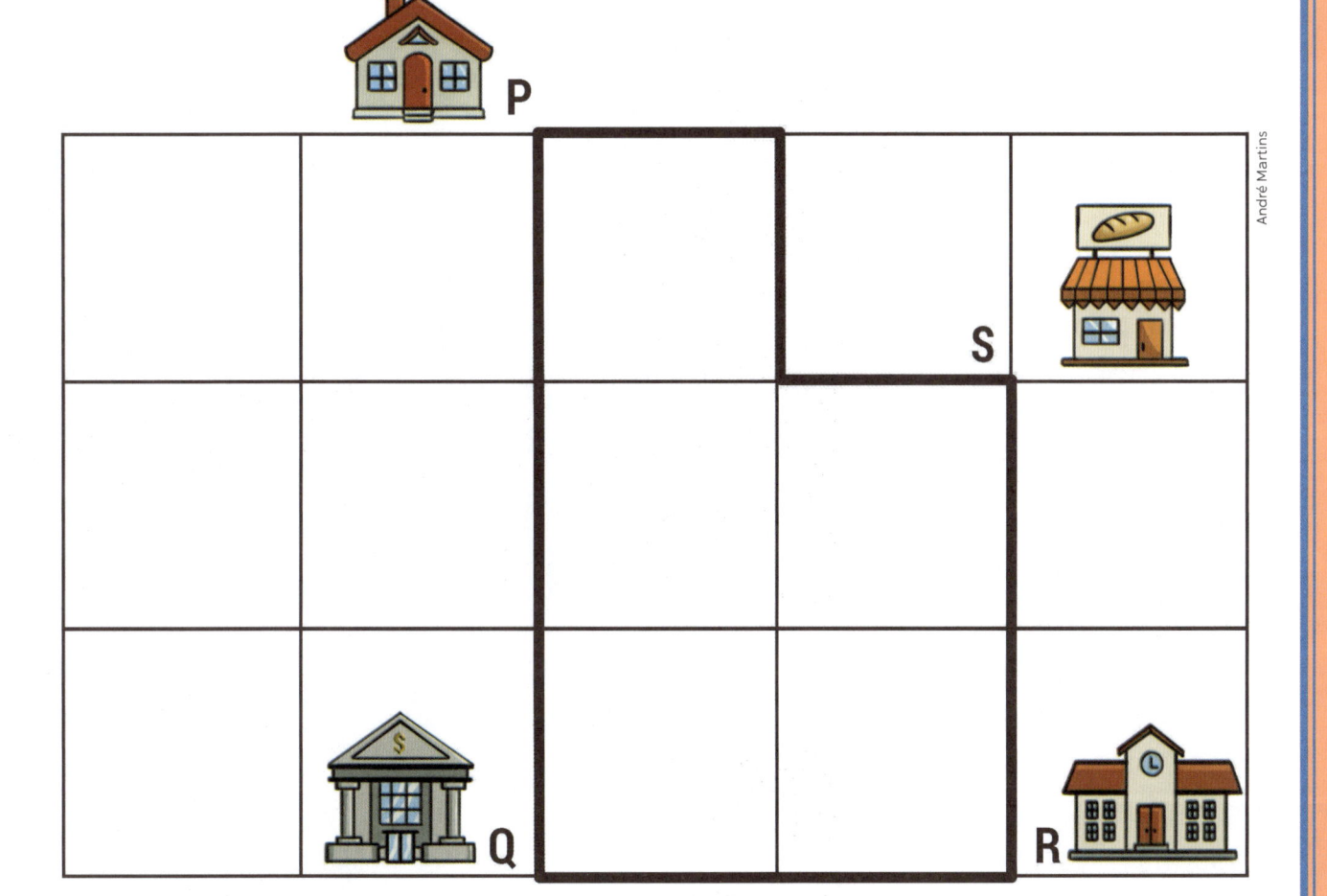

Sabendo-se que cada lado dos quadrados da malha mede 1 unidade, qual o perímetro da figura formada pelo caminho que Jorge fez?

a) ☐ 5 unidades

b) ☐ 7 unidades

c) ☐ 10 unidades

d) ☐ 15 unidades

UNIDADE 5
TRANSITANDO

O excesso de veículos provoca congestionamentos, poluição ambiental, poluição sonora, aumento nos acidentes. Algumas ações podem contribuir para a diminuição desses impactos ao meio ambiente e às pessoas.

Foto A.

Foto C.

Foto B.

RODA DE CONVERSA

1. Como é o trânsito na cidade ou na região onde você mora?

2. Identifique em cada foto a ação ou as ações que contribuem para a melhoria da segurança no trânsito.

3. Quais ações das fotos você pratica ou vê pessoas praticando?

4. Imagine um veículo particular com capacidade para transportar 5 pessoas. Quantas pessoas podem ser transportadas em 5 veículos iguais a esse?

Foto D.

133
Cento e trinta e três

1. MULTIPLICAÇÃO

A utilização de transporte público é uma excelente opção para diminuir o número de veículos nas ruas. Esse meio de transporte evita problemas como poluição e congestionamentos, que são frequentes no dia a dia de várias cidades do Brasil e do mundo.

Imagine que um grupo de pessoas tenha optado por não utilizar seus veículos por um período e passado a andar de ônibus durante a semana. A imagem a seguir representa a quantidade de veículos dessas pessoas.

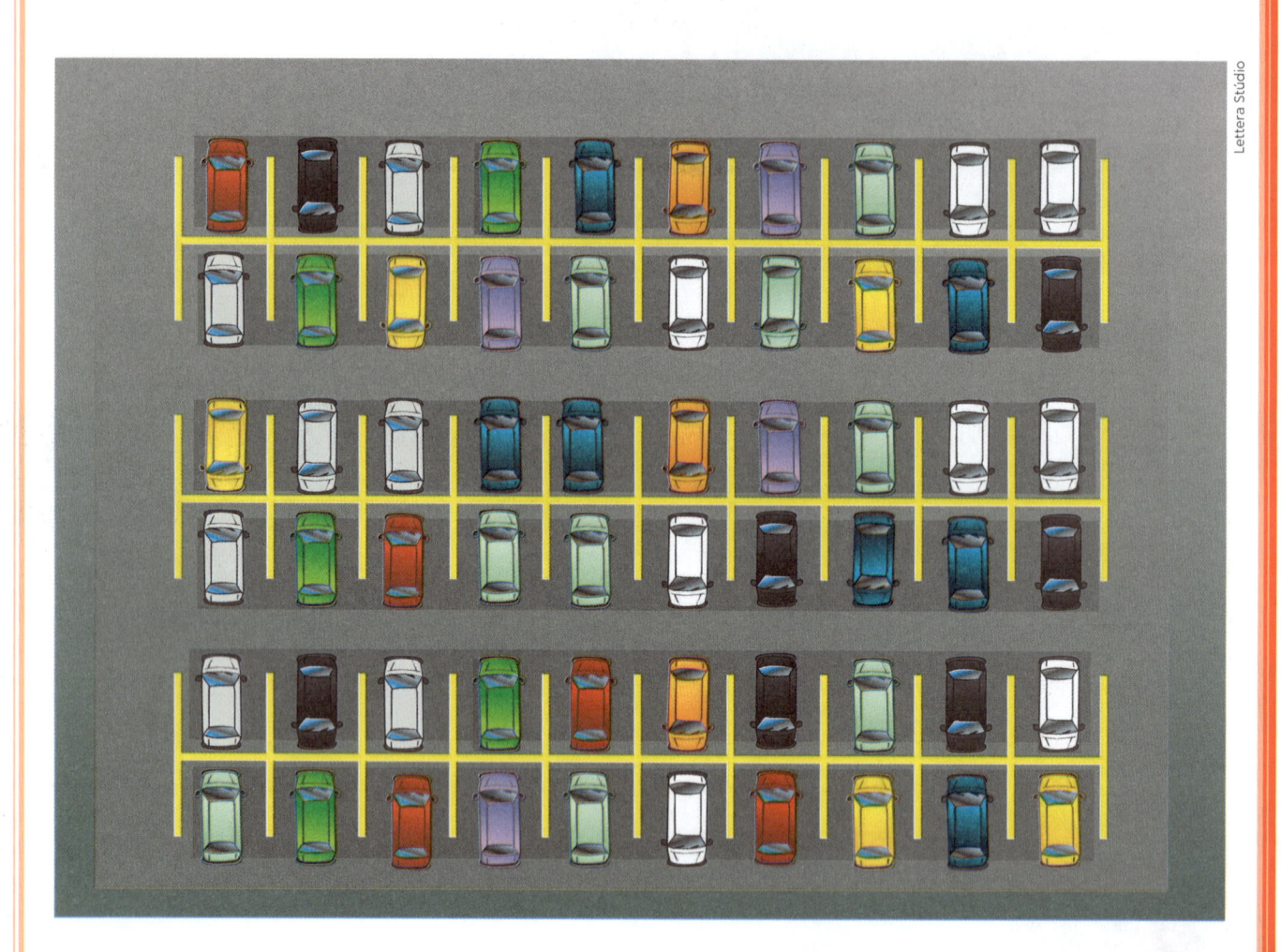

- Quantos veículos deixaram de rodar nesse período?
- Se cada um desses veículos transportar 3 pessoas, quantas pessoas deixaram de utilizar o transporte particular nesse período?

1) Pedro mora em uma grande cidade. Hoje irá com seu pai e quatro amigos ao cinema. Para chegar lá, precisará atravessar ruas e avenidas bastante movimentadas.

Rua Augusta num dia chuvoso. São Paulo, São Paulo.

a) Descreva o que você observa na cena.
b) Qual importante sinalização de trânsito pode ser observada nessa cena?
c) Há cinema próximo de sua casa? Que trajeto você faz para chegar até ele?
d) Que cuidados com a segurança você deve ter ao caminhar por ruas e avenidas?

2) No cinema, Pedro e os amigos pagarão meia-entrada, o que corresponde a 16 reais para cada um. O pai pagará 32 reais pelo ingresso. Qual será o preço pago por todos os ingressos? Utilize a estratégia de cálculo de sua preferência.

ADIÇÃO E MULTIPLICAÇÃO

A sala de cinema possui 121 poltronas e são apresentadas 3 sessões diárias. O cálculo da quantidade total de ingressos a serem vendidos em 3 sessões pode ser feito por meio da adição de parcelas iguais. Veja o exemplo:

$$\underbrace{121 + 121 + 121}_{3 \text{ vezes}} = 363 \longrightarrow 3 \times 121 = 363$$

Também pode ser calculada com o algoritmo usual:

```
   1 2 1  ⟶ fator          1 2 1
 ×     3  ⟶ fator        ×     3
 ───────                  ───────
   3 6 3  ⟶ produto        3 6 3  ⟶ 3U × 1U = 3U
                                  ⟶ 3U × 2D = 6D
                                  ⟶ 3U × 1C = 3C
```

Assim, em 3 sessões podem ser vendidos até 363 ingressos.

1 Resolva as multiplicações e escreva os resultados por extenso.

a)
```
   1 0 1
 ×     4
 ───────
```
Por extenso: _____

b)
```
   4 3 2
 ×     2
 ───────
```
Por extenso: _____

c)
```
   3 2 1
 ×     3
 ───────
```
Por extenso: _____

Os professores de uma escola levarão os estudantes ao cinema. Para o transporte de todos serão utilizados 5 ônibus com 37 estudantes em cada um, além dos professores que os acompanharão.

Veja como pode ser calculada a quantidade total de estudantes que irá ao cinema, com reagrupamentos entre as ordens das unidades e das dezenas, por meio do **algoritmo usual**:

$$\begin{array}{r} \overset{(3)}{3}7 \\ \times5 \\ \hline 1\,8\,5 \end{array}$$

- Multiplicamos 5 pelas unidades.
- As 3 dezenas são colocadas com as outras dezenas.
- Multiplicamos 5 pelas dezenas e adicionamos as dezenas colocadas.

Portanto, 185 estudantes irão ao cinema.

2 Efetue as multiplicações a seguir utilizando a estratégia de sua preferência.

a) 53 × 4 = _____

c) 48 × 3 = _____

b) 81 × 5 = _____

d) 92 × 7 = _____

3 Para construir 25 caixinhas em formato de cubo e 20 caixinhas em formato de pirâmide foram utilizadas figuras de cartolina no formato de quadrados e triângulos.

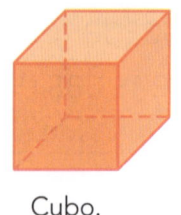

Cubo.   Pirâmide.

Calcule como preferir:

a) Quantas peças de cartolina em formato de quadrado foram utilizadas ao todo para fazer as caixas em formato de cubo?

_____

b) Quantas peças em formato de triângulo foram usadas ao todo para fazer as caixas em formato de pirâmide?

_____

4 Descreva como obter o resultado das multiplicações com uma calculadora sem usar a tecla 3.

a) 3 × 5 = _____

_____

b) 2 × 35 = _____

_____

c) 3 × 4 000 = _____

_____

d) 3 × 474 = _____

_____

5 Elabore um problema que, para resolver, será necessária uma multiplicação em que o 1º fator é o antecessor de 143 e o 2º fator é 2.
Dê o problema para um colega resolver, enquanto você resolve o elaborado por ele.

_____
_____
_____
_____

6 Determine os algarismos que faltam nas multiplicações a seguir para que os produtos estejam corretos.

a)
```
      4  ?
  ×      7
  ─────────
      3  1  ?
```

b)
```
      5  ?  ?
  ×         6
  ─────────────
   3  ?  0  4
```

c)
```
      3  2  ?
  ×         5
  ─────────────
   1  6  ?  0
```

d)
```
      9  ?  3
  ×         4
  ─────────────
   ?  ?  9  2
```

Cento e trinta e nove

OBSERVANDO LINHAS E COLUNAS

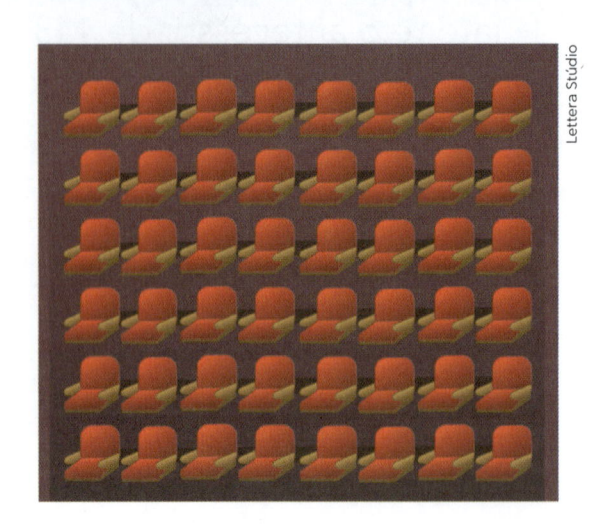

1 Este é um dos setores com poltronas da sala de cinema. As poltronas estão organizadas em linhas e colunas.

Quantas poltronas há nesse setor?

> Para calcular a quantidade total de poltronas, podemos contar observando as **linhas** e as **colunas**.

a) Calcule observando as linhas:

São _____ linhas com _____ poltronas em cada linha.

_____ × _____ = _____

b) Calcule observando as colunas:

São _____ colunas com _____ poltronas em cada coluna.

_____ × _____ = _____

Há _____ poltronas nesse setor do cinema.

c) O cinema tem 5 setores iguais a esse. Quantas poltronas o cinema tem ao todo?

O cinema tem ao todo _____ poltronas.

2) No cinema há pipoca para vender. Veja como as embalagens estão organizadas.

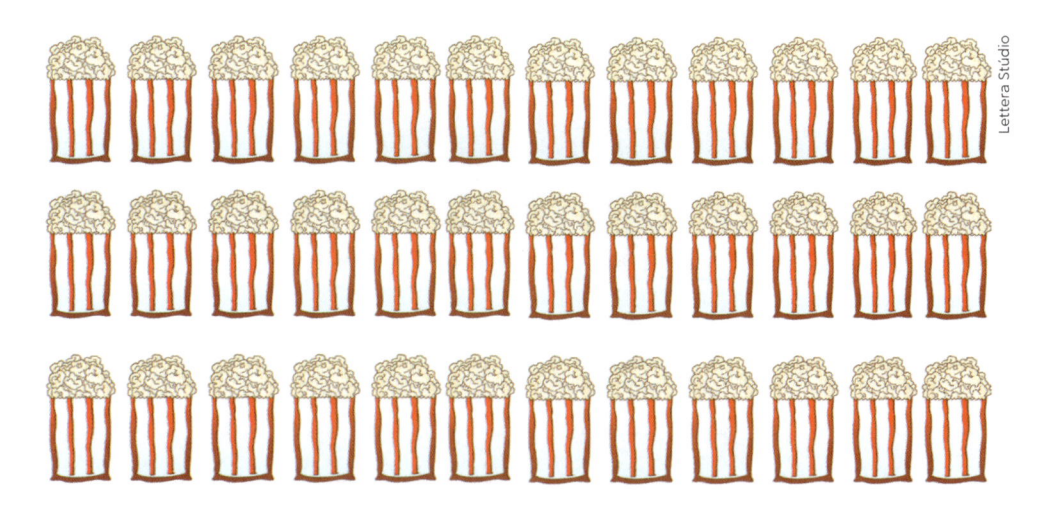

a) Complete o esquema a seguir e descubra o total de embalagens organizadas na imagem.

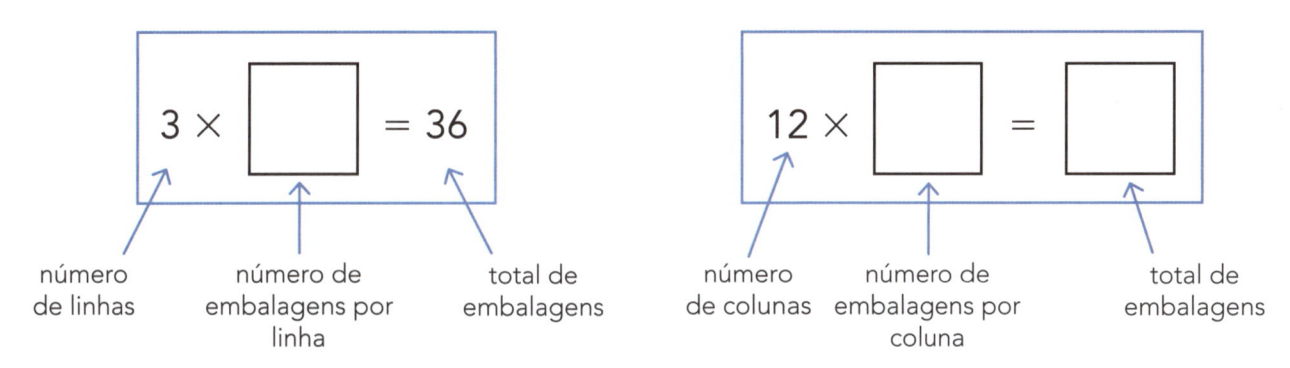

3 × ☐ = 36

↑ número de linhas   ↑ número de embalagens por linha   ↑ total de embalagens

12 × ☐ = ☐

↑ número de colunas   ↑ número de embalagens por coluna   ↑ total de embalagens

No total, estão organizadas _____ embalagens.

b) Antes de uma sessão de cinema foram vendidas 10 vezes mais embalagens como essas.

No total foram vendidas _____ embalagens.

3 O gráfico a seguir representa a quantidade de estudantes inscritos em um passeio ciclístico cujo objetivo é conscientizar as pessoas da importância do uso de transportes alternativos.

Estudantes inscritos para o passeio ciclístico

Turma
- 6º ano: 5 bicicletas
- 5º ano: 4 bicicletas
- 4º ano: 6 bicicletas

Estudantes

Legenda: Cada 🚲 corresponde a 12 participantes.

Fonte: Comissão organizadora do passeio ciclístico.

a) Qual das tabelas a seguir representa as informações do gráfico? Indique a letra que a representa.

Tabela A – Estudantes inscritos no passeio	
Participantes	Quantidade
4º ano	72
5º ano	48
6º ano	60

Fonte: Comissão organizadora do passeio ciclístico.

Tabela B – Estudantes inscritos no passeio	
Participantes	Quantidade
4º ano	54
5º ano	48
6º ano	66

Fonte: Comissão organizadora do passeio ciclístico.

b) Se cada desenho de bicicleta correspondesse a 15 participantes, como ficaria o número de inscritos na tabela? Construa essa tabela no caderno.

OLHANDO PARA O MUNDO

SEMANA NACIONAL DO TRÂNSITO

A Semana Nacional de Trânsito, prevista pelo Código de Trânsito Brasileiro, é comemorada anualmente entre os dias 18 e 25 de setembro. [...]

A ideia é envolver diretamente a sociedade nas ações e propor uma reflexão sobre uma nova forma de encarar a mobilidade. Trata-se de um estímulo a todos os condutores, seja de caminhões, ônibus, *vans*, automóveis, motocicletas ou bicicletas, e aos pedestres e passageiros, a optarem por um trânsito mais seguro.

A principal finalidade da SNT é conscientizar o cidadão de sua responsabilidade no trânsito, valorizando ações do cotidiano e visando a participação de todos para o alcance da segurança viária. [...]

Mariana Czerwonka. Semana Nacional de Trânsito 2019 começa hoje em todo País. *Portal do trânsito*, [s. l.], 18 set. 2019. Disponível em: https://portaldotransito.com.br/educacao/semana-nacional-de-transito/semana-nacional-de-transito-2019-comeca-hoje-em-todo-pais/. Acesso em: 16 dez. 2020.

- Qual é a importância da criação da Semana Nacional do Trânsito? Responda à pergunta e depois troque ideia com os colegas.

  _____

  _____

- Reúna-se com alguns colegas e, juntos, criem uma cartilha com informações que ajudem a sensibilizar a população quanto à importância da vida no trânsito. Se possível, distribua alguns exemplares para os colegas de outras turmas ou para pessoas da comunidade em que vive.

COMBINAÇÕES E POSSIBILIDADES

1) Um grupo de pessoas precisa escolher a roupa para usar em um passeio ciclístico. Veja a seguir as opções para escolha de camisetas e bermudas.

Há quantas possibilidades de combinar a camiseta vermelha com as bermudas? _____

Uma maneira de determinar as possibilidades de combinar as três cores de camiseta com as duas cores de bermuda é organizar uma tabela de dupla entrada, como a representada a seguir. Na entrada das colunas, colocamos as camisetas e, na entrada das linhas, colocamos as bermudas.

Por meio dessa organização, combinamos cada bermuda com cada uma das camisetas e obtemos as 6 possibilidades.

Outra maneira é multiplicar as opções: 2 × 3 = 6
↓ ↓ ↓
bermudas camisetas combinações

Assim, é possível montar 6 conjuntos diferentes.

2) Veja novamente a tabela da página anterior e continue escrevendo as opções possíveis.

Bermuda branca e camiseta azul;

_____
_____
_____
_____

3) Uma escola conta com 3 funcionários e 5 professores para formar duplas que acompanharão os estudantes aos passeios e às excursões que ocorrerão durante o ano.

Funcionários: Ana, Luísa, Paulo

Professores: João, Wilson, Breno, Camila, Márcia

As duplas serão formadas por um funcionário e um professor. Quantas duplas diferentes poderão ser formadas? Calcule como preferir. _____

4 Os estudantes fizeram descobertas interessantes.

> Veja o que aconteceu com o resultado quando multipliquei 15 × 10!

> Multipliquei 15 × 100. Olhe o que aconteceu!

> Então, eu já sei qual será o resultado da multiplicação de 15 por 1000!

O que você pode concluir das multiplicações de um número por 10, por 100 e por 1000?

_____

_____

_____

5 Calcule os produtos e confira os resultados com a calculadora.

a) 5 × 100 _____

b) 145 × 1000 _____

c) 370 × 100 _____

d) 1750 × 100 _____

e) 175 × 1000 _____

f) 300 × 1000 _____

g) 140 × 10 _____

h) 100 × 100 _____

6 Veja o preço de alguns itens de material escolar: um estojo por 17 reais, uma caixa de lápis de cor por 12 reais, uma caneta por 8 reais e um caderno por 14 reais. Quanto será pago se forem compradas 10 unidades de cada item?

_____

2. ALGUMAS PROPRIEDADES DA MULTIPLICAÇÃO

Este condomínio realizará uma campanha entre os moradores para estimular a carona solidária. Para isso, pretende entregar um folheto sobre a campanha em cada apartamento.

Observe que cada janela corresponde a um apartamento.

- Quantos prédios há no condomínio?
- Como os apartamentos estão organizados em cada prédio?
- Quantos apartamentos há em cada prédio?
- Essa organização facilita a contagem do número total de apartamentos do condomínio?

PROPRIEDADE COMUTATIVA

Para calcular a quantidade de folhetos necessária, podemos observar que a disposição dos três prédios nos permite multiplicar a quantidade de apartamentos de cada linha pelo número de colunas, assim: 6 × 4 = 24. Outra possibilidade é multiplicar a quantidade de apartamentos em cada coluna pelo número de linhas: 4 × 6 = 24.

Observe que em ambas as possibilidades os produtos são iguais. Assim, podemos escrever: 6 × 4 = 4 × 6 = 24.

> Em uma multiplicação, a ordem dos fatores não altera o produto.

1 Usando a propriedade comutativa da multiplicação, determine o número que falta para que as igualdades sejam verdadeiras.

a) 35 × _____ = 28 × 35

b) 10 × 11 = _____ × 10

2 Os estudantes participaram de uma visita ao museu do automóvel. Foram 123 estudantes do 3º ano. A participação dos estudantes do 4º ano foi o dobro da quantidade do 3º ano. Ao todo, quantos estudantes do 4º ano participaram do passeio?

Veja como Ana e Pablo resolveram essa questão e complete.

Ana
123 × 2 ou 2 × 123 = _____

Pablo
123 + 123 = _____

a) Compare os resultados encontrados. O que você pôde observar?
_____

b) Qual deles utilizou a propriedade comutativa da multiplicação? Justifique sua resposta.
_____
_____

PROPRIEDADE ASSOCIATIVA

Observe novamente os prédios do condomínio, na página 147, e veja como podemos calcular a quantidade total de apartamentos.

3 prédios com 4 andares em cada um:
3 × 4 = 12 ⟶ 12 andares

2 apartamentos por andar:
12 × 2 = 24 ⟶ 24 apartamentos

(3 × 4) × 2 = 12 × 2 = 24

ou

4 andares com 2 apartamentos em cada um:
4 × 2 = 8 ⟶ 8 apartamentos

3 prédios com 8 apartamentos:
3 × 8 = 24 ⟶ 24 apartamentos

3 × (4 × 2) = 3 × 8 = 24

O resultado foi o mesmo, porque:

Em uma multiplicação com três ou mais fatores, podemos associá-los de maneiras diferentes: o produto será sempre o mesmo.

1 Veja como Roberto calcula o produto de 3 × 5 × 8.

3 × 5 × 8?
Já sei!
Primeiro calculo 5 × 8...
5 × 8 = 40
Agora fica fácil:
3 × 40 = 120

Qual propriedade da multiplicação Roberto usou?

_____

2 Observe outra maneira de calcular a multiplicação 2 × 30.

$$2 \times 30 = 2 \times 3 \times 10 = 6 \times 10 = 60$$

Calcule mentalmente usando esse procedimento e registre o resultado.

a) 3 × 60 = _____

b) 5 × 70 = _____

c) 3 × 400 = _____

d) 7 × 90 = _____

e) 2 × 300 = _____

f) 2 × 500 = _____

3 Veja como Marcela e Sérgio registram os procedimentos para calcular o produto de 5 × 27.

Marcela fez assim:

5 × 27 = 5 × (20 + 7) =
= 100 + 35 = 135

Sérgio fez assim:

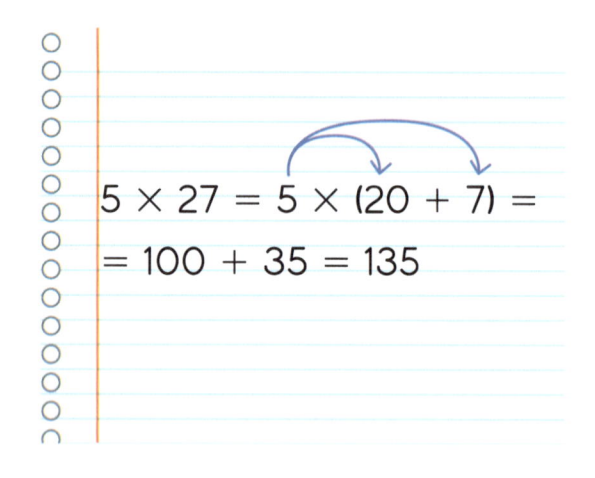

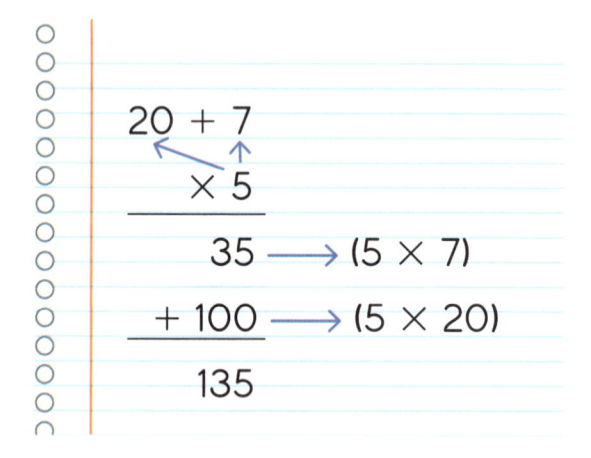

20 + 7
× 5
_____
35 → (5 × 7)
+ 100 → (5 × 20)
_____
135

Efetue as seguintes multiplicações usando os procedimentos demonstrados por Marcela e Sérgio.

a) 4 × 23 = _____

b) 5 × 18 = _____

c) 7 × 34 = _____

QUE DIVERTIDO!

MULTIPLICANDO RESULTADOS

Participarão deste jogo 6 crianças, distribuídas em 2 grupos.
Material:

- 2 dados dodecaédricos com faces numeradas de 1 a 12;
- 2 marcadores de cores diferentes, sendo 1 para cada grupo;
- o quadro a seguir com os possíveis resultados do produto dos números de 1 a 12, em que há 5 casas marcadas com **X**.

1	2	X	3	4	5	6	7
8	9	10	11	12	14	X	15
16	18	20	21	22	24	25	27
X	28	30	32	33	5	36	40
42	44	45	48	49	50	54	55
56	60	63	64	66	70	X	72
77	80	81	84	88	90	96	99
100	108	110	X	120	121	132	144

Procedimento

- Escolham quem será o primeiro, o segundo e o terceiro jogador de cada grupo.
- Decidam o grupo que inicia o jogo, lançando um dado ou tirando no par ou ímpar.
- O primeiro jogador lança os dois dados, multiplica os números obtidos e pinta com o seu marcador o produto indicado no quadro. Veja o exemplo.

1ª jogada: números 3 e 7 → produto 21

1	2	X	3	4	5	6	7
8	9	10	11	12	14	X	15
16	18	20	21	22	24	25	27
X	28	30	32	33	5	36	40
42	44	45	48	49	50	54	55
56	60	63	64	66	70	X	72
77	80	81	84	88	90	96	99
100	108	110	X	120	121	132	144

- Em seguida, o primeiro jogador do outro grupo joga os dados, multiplica os números obtidos e pinta com seu marcador o produto indicado no quadro. Por exemplo:

2ª jogada: números 10 e 7 → produto 70

1	2	X	3	4	5	6	7
8	9	10	11	12	14	X	15
16	18	20	21	22	24	25	27
X	28	30	32	33	5	36	40
42	44	45	48	49	50	54	55
56	60	63	64	66	70	X	72
77	80	81	84	88	90	96	99
100	108	110	X	120	121	132	144

- Se o produto já foi coberto pelo grupo adversário, o grupo não marca pontos.

- O jogo continua com o segundo jogador do primeiro grupo lançando os dados e, assim, sucessivamente.

- Ganha o jogo o grupo que consegue cobrir quatro produtos em uma única fileira (linha ou coluna).

- As cinco marcas **X** da tabela podem ser usadas pelos dois grupos para completar as quatro marcas nas fileiras.

3. AMPLIANDO A MULTIPLICAÇÃO

De acordo com pesquisas realizadas recentemente, em muitas cidades brasileiras há pessoas que se deslocam todos os dias de casa para o trabalho ou para a escola usando a bicicleta. Embora esse meio de transporte não seja o mais utilizado, atualmente ele é cada vez mais empregado quando as distâncias não são muito longas.

Um estudante, por exemplo, percorre com sua bicicleta 1 312 metros de sua casa para a escola e da escola para sua casa.

- Conforme o texto, comente o uso da bicicleta como meio de transporte no Brasil.
- Você ou pessoas de sua família usam bicicleta para realizar alguma atividade? Se sim, qual é essa atividade?

Em três dias, quantos metros o estudante percorrerá indo e voltando da escola em sua bicicleta?

Podemos calcular essa distância por meio da adição ou da multiplicação:

1 312 + 1 312 + 1 312 ou 3 × 1 312

Podemos efetuar a multiplicação de forma simplificada ou adicionando cada produto. Observe:

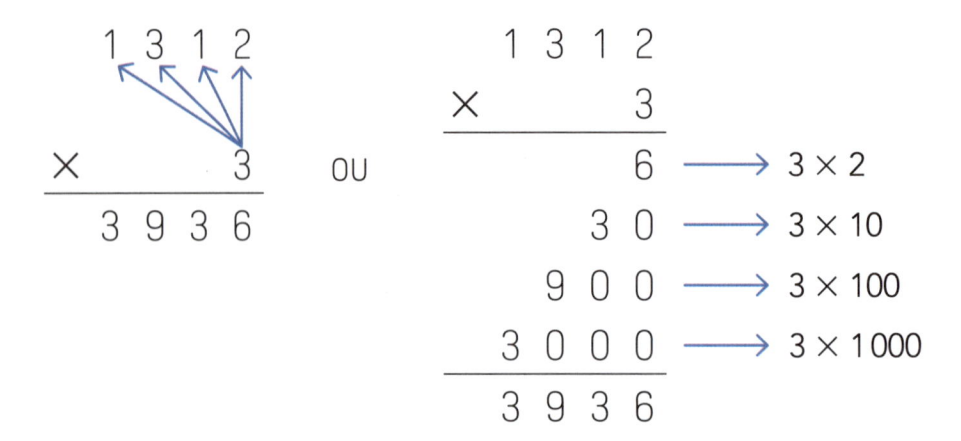

```
  1 3 1 2              1 3 1 2
×       3      ou    ×       3
---------            ---------
  3 9 3 6                  6  → 3 × 2
                         3 0  → 3 × 10
                       9 0 0  → 3 × 100
                     3 0 0 0  → 3 × 1 000
                     ---------
                       3 9 3 6
```

Portanto, o estudante percorrerá 3 936 metros para ir e voltar da escola em três dias.

1 Efetue no caderno, como preferir:

a) 3 × 2 321 = _____

b) 2 × 4 132 = _____

2 Em uma fábrica de brinquedos são produzidas diariamente 1 423 miniaturas de bicicletas. Sabendo que cada bicicleta tem duas rodinhas, quantas rodinhas serão utilizadas na fabricação de todas as bicicletas?

O cálculo pode ser feito usando a decomposição. Complete com o que falta e descubra a resposta.

1 423 = ☐ + ☐ + 20 + 3

2 × 1 423 = 2 × ☐ + 2 × ☐ + 2 × 20 + 2 × 3

☐ + ☐ + 40 + 6

☐

154 Cento e cinquenta e quatro

3 A Agência Nacional do Petróleo (ANP) lançou em 2019 uma campanha para estimular a economia de combustíveis no país.

Imagine que um município tenha preparado panfletos para orientar a participação da população na campanha e que o material tenha sido embalado em 8 caixas com 362 panfletos em cada uma.

Quantos panfletos há, no total, nas 8 caixas?

Para saber a quantidade de panfletos, podemos calcular:

362 = 300 + 60 + 2 usando:

- a **decomposição**. Observe e complete.

$$8 \times 362 = 8 \times (300 + 60 + 2)$$
$$8 \times 362 = 8 \times 300 + 8 \times 60 + 8 \times 2$$
$$8 \times 362 = 2\,400 + 480 + 16$$

- o **algoritmo usual**. Observe e complete.

1º passo: Multiplicamos 8 pelas unidades:

$8 \times 2U = 16U = 1D + 6U$. Escrevemos 6U e reservamos uma dezena.

2º passo: Multiplicamos 8 pelas dezenas:

$8 \times 6D = 48D$. Adicionamos esse resultado à dezena reservada: $48D + 1D = 49D = 4C + 9D$. Escrevemos 9D e reservamos 4 centenas.

3º passo: Por último, multiplicamos 8 pelas centenas: $8 \times 3C = 24C$. Adicionamos esse resultado às 4 centenas reservadas: $24C + 4C = 28C$.

Portanto, obtemos _____ panfletos no total.

Ao realizar a multiplicação entre dois fatores, encontramos o produto. O resultado pode ser exato ou aproximado. Observe os cálculos a seguir.

2 × 1897 = 3794 (produto exato)

2 × 2000 = 4000 (produto aproximado)

Desse modo, podemos dizer que 2 × 1897 resulta **exatamente** em 3794 ou **aproximadamente** em 4000.

4 Complete o quadro e determine o resultado aproximado e o resultado exato das multiplicações. Use a calculadora para confirmar os resultados.

Multiplicação	Resultado aproximado	Resultado exato
4 × 976	4 × 1000 = 4000	3904
2 × 1132		
3 × 4075		
5 × 6892		
6 × 9850		
7 × 5234		

DESAFIO

Em uma campanha realizada na escola de Enzo para arrecadar alimentos não perecíveis, verificou-se que a quantidade de alimentos doados, em quilogramas, dobrava a cada dia. Sabendo que no 1º dia foram doados 14 quilogramas de alimentos, qual foi a quantidade de alimentos arrecadados:

a) no 2º dia? _____

b) no 5º dia? _____

c) nos primeiros 5 dias? _____

MULTIPLICAÇÃO COM FATORES DE 2 ALGARISMOS

Observe no gráfico a quantidade de ovos usada em uma confeitaria durante cinco dias.

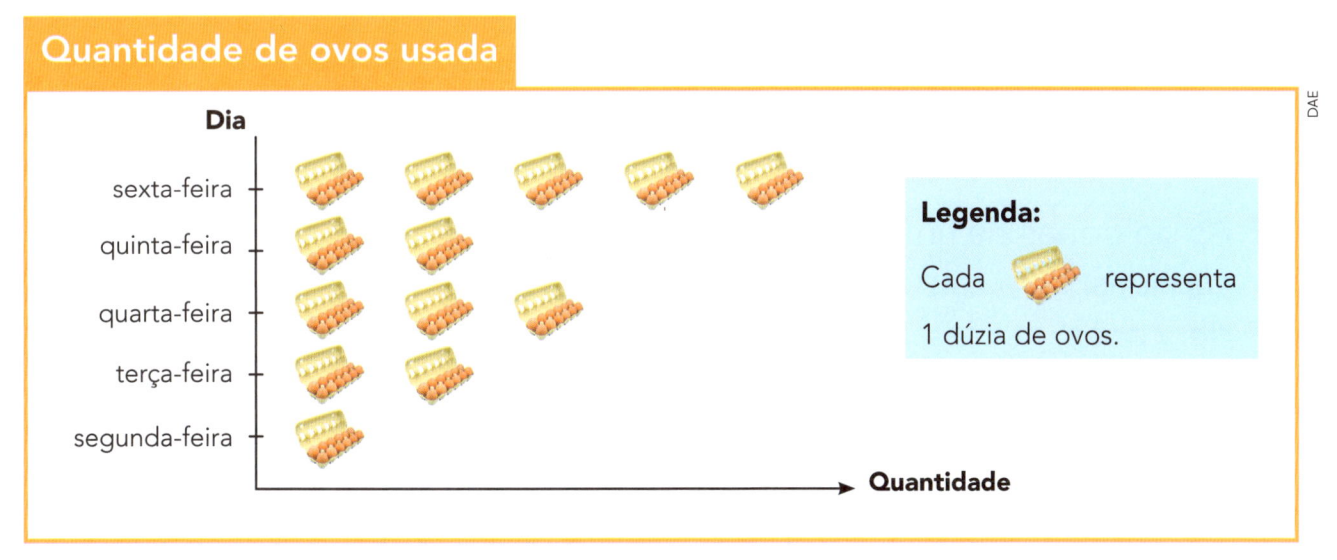

Quantidade de ovos usada

Legenda: Cada [caixa] representa 1 dúzia de ovos.

Fonte: Proprietário da confeitaria.

Quantos ovos foram utilizados no total nesses cinco dias?
Veja como podemos chegar ao resultado.

Se em cinco dias foram usadas 13 caixas de ovos e em cada caixa há 1 dúzia de ovos, o total de ovos será obtido efetuando-se a multiplicação 13 × 12.

O cálculo pode ser feito:

- por **decomposição**

  13 = 10 + 3 e 12 = 10 + 2

  13 × 12 = (10 + 3) × (10 + 2)

$$\begin{array}{r} 10 + 3 \\ \times\ 10 + 2 \\ \hline 6 \\ 2\ 0 \\ 3\ 0 \\ 1\ 0\ 0 \\ \hline 1\ 5\ 6 \end{array}$$

→ 2 × 3
→ 2 × 10
→ 10 × 3
→ 10 × 10

ou

$$\begin{array}{r} 10 + 3 \\ \times\ 10 + 2 \\ \hline 20 + 6 \\ 100 + 30 \\ \hline 120 + 36 = 156 \end{array}$$

• pelo **algoritmo usual de forma simplificada**

$$\begin{array}{r} 1\ 3 \\ \times\ \ 1\ 2 \\ \hline 2\ 6 \\ 1\ 3\ 0 \\ \hline 1\ 5\ 6 \end{array}$$ → 2 × 13
→ 10 × 13

Assim, 13 × 12 = 156. Portanto, foram usados no total 156 ovos nesses cinco dias.

1 As poltronas de um teatro serão encapadas. Para calcular a quantidade de capas necessárias, verificou-se que havia 13 fileiras com 15 poltronas em cada uma.

Quantas capas serão necessárias ao todo? _____

2 Uma papelaria fez compras para seu estoque. Veja o quadro a seguir.

Artigo	Quantidade de caixas	Unidades por caixa
caderno	30	24
borracha	40	36
apontador	25	50
lapiseira	18	60

a) Quantos cadernos foram comprados? _____

b) Qual foi o total de borrachas compradas? _____

c) Qual dos artigos foi comprado em maior quantidade? _____

d) Qual foi o total de artigos comprados? _____

4. MEDIDAS DE SUPERFÍCIE

Com a intenção de promover um espaço de convivência e lazer, a praça de um bairro está sendo revitalizada e o piso renovado.

Quantos ladrilhos serão necessários para cobrir esse espaço todo?

A figura a seguir representa uma área de piso. Cada ■ representa uma peça que já foi colocada.

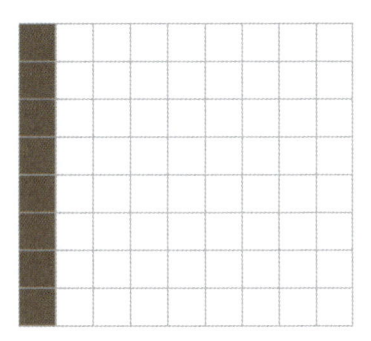

- Quantos peças já foram colocadas?
- Estime a quantidade de peças que serão utilizadas na colocação de todo o piso da praça.
- Calcule a quantidade de peças e compare com a sua estimativa.
- Quantas peças faltam ser colocadas?

1 Na parede de uma cozinha será colocada uma faixa de azulejos decorativos. Veja o esboço feito para representar os azulejos dessa faixa. No esboço, cada quadradinho representa um azulejo.

a) Quantos azulejos serão colocados em cada linha?
_____

b) Quantos serão colocados em cada coluna?
_____

c) Quantos azulejos vão compor a faixa decorativa?
_____

Podemos calcular o total de azulejos que serão colocados na faixa decorativa de duas maneiras:
- Contando os quadradinhos um a um:
  1 ☐, 2 ☐, 3 ☐, 4 ☐, ..., 60 ☐
- Multiplicando o número de quadradinhos de cada linha (10) pelo número de quadradinhos de cada coluna (6):
  10 × 6 = 60

Se a unidade de medida ☐ corresponde a 1 azulejo, podemos concluir que cabem 60 azulejos na superfície dessa faixa decorativa. Assim, podemos dizer que a medida da área da faixa decorativa onde os azulejos serão colocados é igual a 60 ☐, ou seja, 60 azulejos.

2 Observe a figura desenhada na malha quadriculada. Calcule a área da superfície ocupada pela figura, usando:

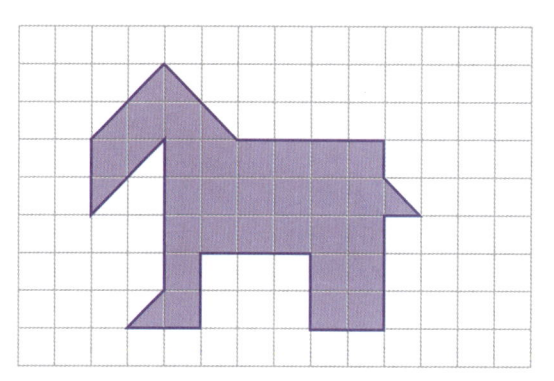

a) o △ como unidade de superfície;

_____

b) o ☐ como unidade de superfície.

_____

3 Observe os polígonos a seguir. Use o ☐ como unidade de medida para medir a área e o lado do ☐ como unidade de medida para medir o perímetro. Calcule qual dos polígonos tem:

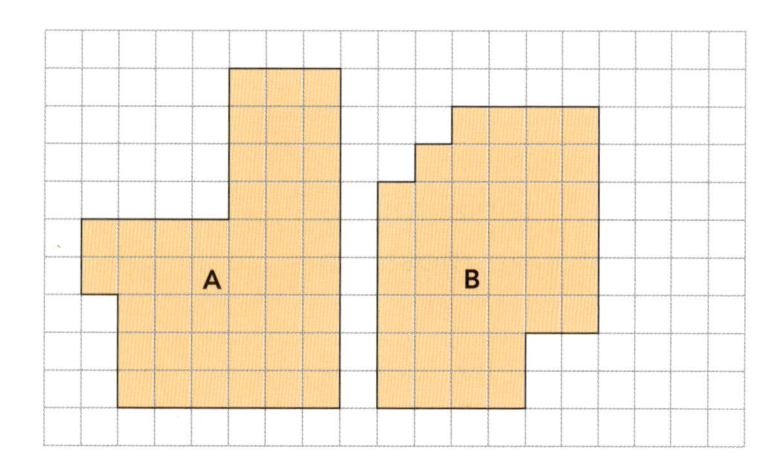

a) a maior área; _____

b) o maior perímetro. _____

4 A professora entregou a três estudantes 6 figuras em formato de quadrado medindo 1 cm × 1 cm e pediu que cada um montasse um polígono sobre a malha quadriculada usando as 6 peças. Observe o que cada estudante montou, compare as áreas e explique o que os polígonos montados têm em comum.

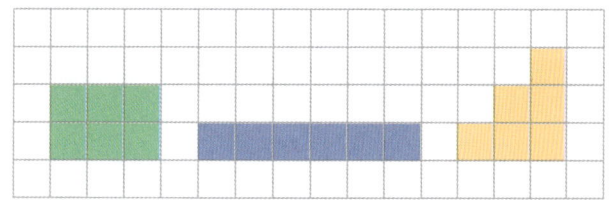

5 Observe os polígonos abaixo e responda:

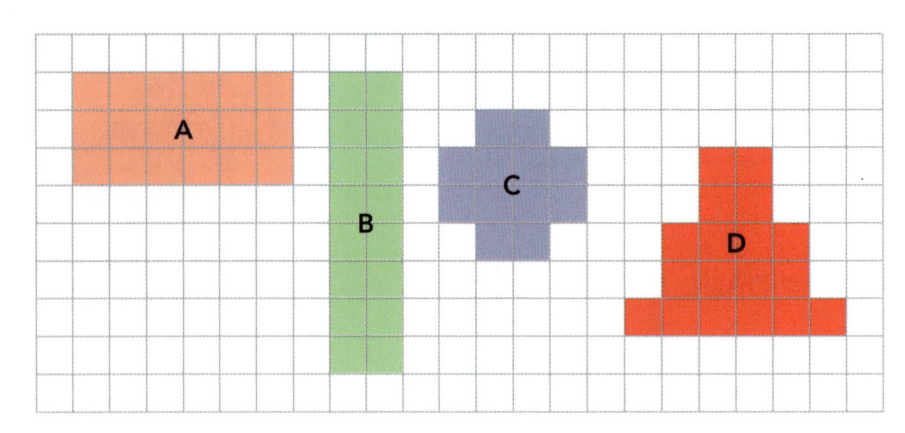

a) Quais têm a mesma área?

_____

b) Qual deles tem o maior perímetro?

_____

6 O piso da cozinha de Antônia foi recoberto de lajotas, conforme mostra a figura.

Cada lajota branca custou 13 reais e cada lajota verde 24 reais. Sabendo que nenhuma lajota foi desperdiçada, responda:

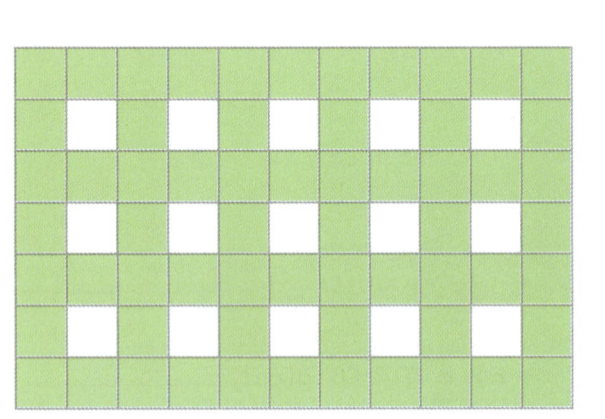

a) Quantos reais foram gastos na compra das lajotas brancas?

_____

b) E na compra das lajotas verdes?

_____

c) Quantos reais Antônia gastou no total?

_____

7 O senhor Augusto dividiu seu terreno (região destacada) entre os quatro filhos.

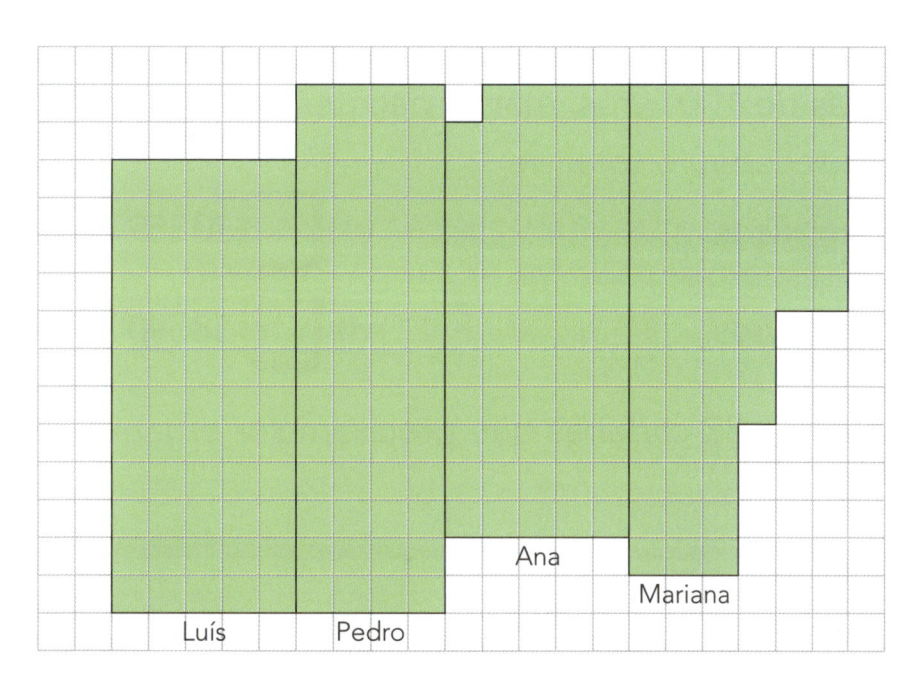

a) Quantos ▢ tem a medida da área do terreno que coube a Mariana? Utilize 1 ▢ como unidade de área.

_____

b) Repita o procedimento anterior e calcule a medida da área do terreno de Luís, Pedro e Ana.

_____

c) Compare as medidas das áreas que cada filho recebeu. O que você conclui?

_____
_____

d) Formule uma pergunta que compare as medidas das áreas de dois desses terrenos e peça que um colega a responda.

_____
_____

QUE TAL VER DE NOVO?

1) (Prova Brasil) Uma escola recebeu a doação de 3 caixas de 1000 livros, mais 8 caixas de 100 livros, mais 5 pacotes de 10 livros, mais 9 livros.

Essa escola recebeu o total de:

a) ☐ 3589 livros.

b) ☐ 3859 livros.

c) ☐ 30859 livros.

d) ☐ 38590 livros.

2) Em um salão há 32 cadeiras que precisam ser organizadas em 4 fileiras e 8 colunas.

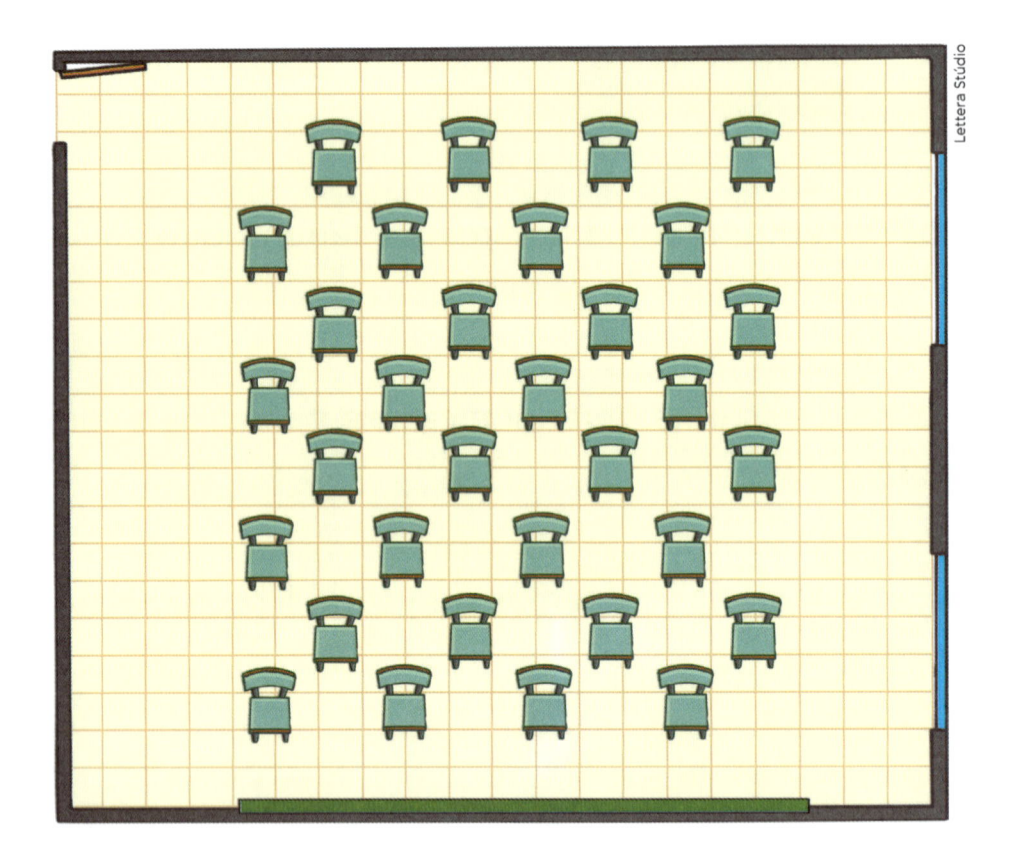

Qual das multiplicações pode ser utilizada para representar essa situação?

a) ☐ 16 × 2

b) ☐ 4 × 8

c) ☐ 8 × 2

d) ☐ 8 × 8

3 A cantina da escola oferece em seu lanche 4 tipos de suco e 3 tipos de complemento. Cada criança deve escolher um combo formado por uma bebida e um complemento.

É possível montar quantos tipos de lanche?

a) ☐ 12 tipos

b) ☐ 7 tipos

c) ☐ 10 tipos

d) ☐ 8 tipos

4 Qual é o produto da multiplicação 16 × 12?

a) ☐ 152

b) ☐ 162

c) ☐ 182

d) ☐ 192

5 Um marceneiro está fixando na parede um painel com placas medindo 10 cm × 10 cm, conforme ilustrado. Na parte em branco as placas ainda não foram fixadas.

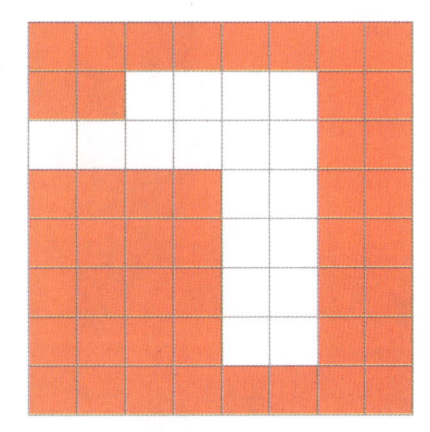

A medida da área de placas que faltam é maior, menor ou igual à medida da área de placas montadas?

a) ☐ Menor.

b) ☐ Maior.

c) ☐ Igual.

UNIDADE

6 LUGARES DE APRENDER

Estamos sempre aprendendo em todos os lugares que frequentamos. Muitas escolas, todos os anos, levam os estudantes a visitas, passeios, excursões, estudos do meio, sessões de teatro e cinema, por exemplo, onde diversas aprendizagens acontecem.

Além de ampliar os conhecimentos, essas situações diferentes permitem vivenciar valores como respeito, companheirismo e compreensão de forma divertida e interessante.

Estudantes visitando supermercado.

Estudantes visitando fazenda de café.

Estudantes em aula de culinária.

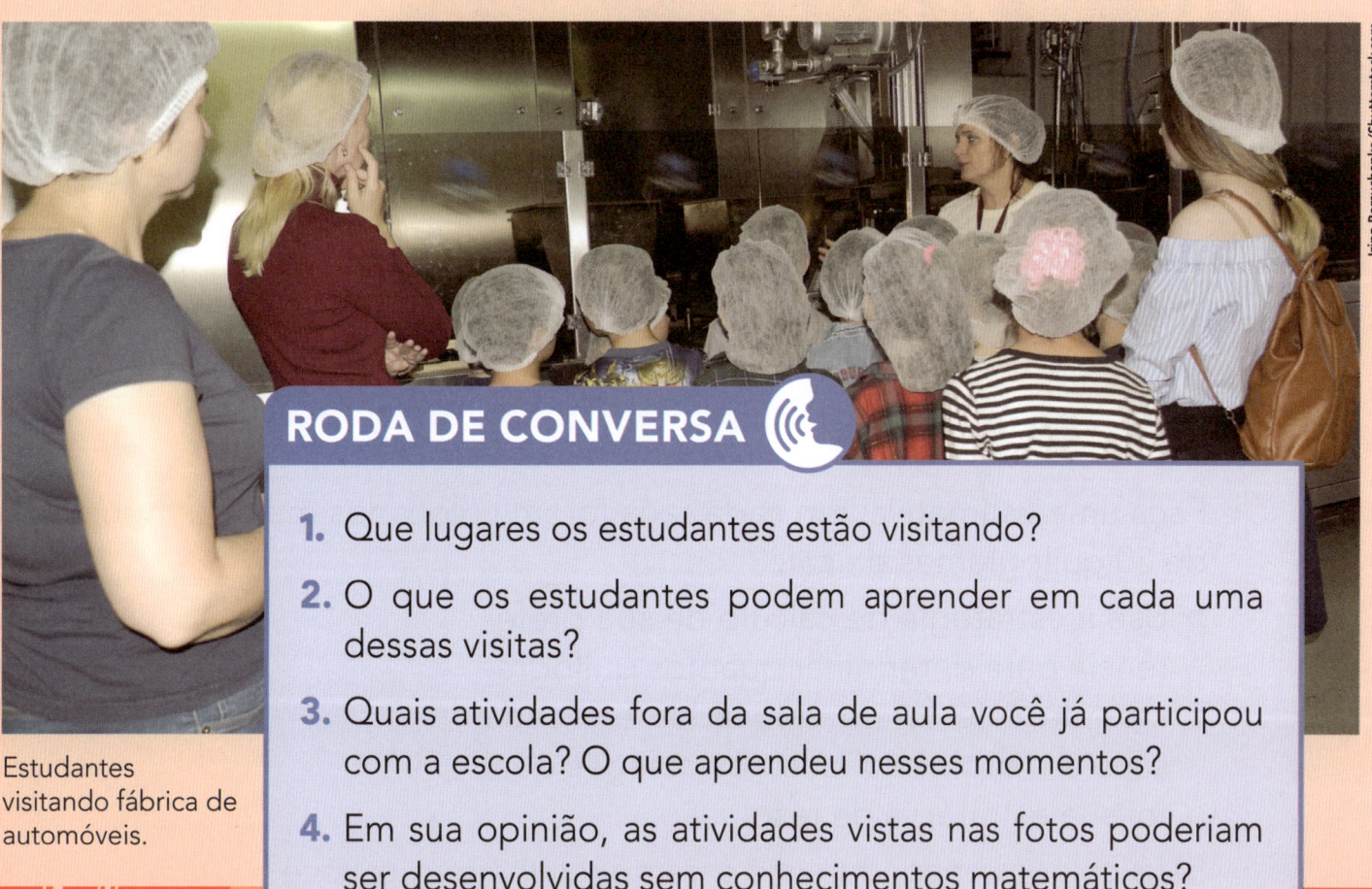

Estudantes visitando fábrica de automóveis.

RODA DE CONVERSA

1. Que lugares os estudantes estão visitando?
2. O que os estudantes podem aprender em cada uma dessas visitas?
3. Quais atividades fora da sala de aula você já participou com a escola? O que aprendeu nesses momentos?
4. Em sua opinião, as atividades vistas nas fotos poderiam ser desenvolvidas sem conhecimentos matemáticos?

1. DIVISÃO

As fazendas cafeeiras estão presentes em vários estados brasileiros. Estudantes e professores da escola onde Sandra estuda participaram da visita a uma dessas fazendas.

Conheceram a produção, o armazenamento dos grãos e como o café é ensacado. Viram que 135 quilogramas de grãos de café foram colocados em 5 sacas, todas com a mesma quantidade.

Empilhadeira organizando sacas de café em Manaus, Amazonas, 2013.

- Você já viu um cafezal?
- Faça uma estimativa: Em cada saca foram colocados mais ou menos de 20 quilogramas de café?
  » Use a estratégia de cálculo de sua preferência para determinar quantos quilogramas de café foram colocados em cada saco e depois explique aos colegas qual foi sua estratégia de resolução.

Seus colegas encontraram o mesmo resultado que você?

Sandra e os colegas tiraram muitas fotos durante a visita à fazenda cafeeira e estão elaborando um álbum de fotografias digital. Eles tiraram 416 fotos e querem organizá-las em páginas, todas com a mesma quantidade de fotos.

Veja as fotos selecionadas para a primeira página.

Mudas de café.

Cafezal.

Colheita de café.

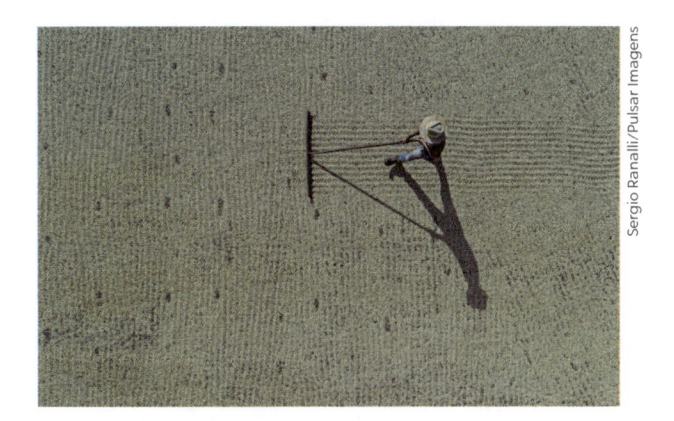

Terreiro híbrido para a secagem do café.

Podemos calcular a quantidade de páginas utilizadas usando:

- a **decomposição do dividendo**

$$416 = 400 + 10 + 6 = 400 + 16$$

```
 400  + 16 | 4
-400       | 100 + 4 = 104
 ─────
   0    16
       -16
       ────
         0
```

• o **algoritmo**

Observe as etapas:

C	D	U	
4	1	6	4
−4			1
0			C

Dividindo 4 centenas por 4, obtemos 1 centena e resto zero.

C	D	U	
4	1	6	4
−4			1 0
	1		C D

Não é possível dividir 1 dezena por 4 e obter dezena no quociente. Assim, colocamos um zero no quociente para indicar esse fato (zero dezena).

C	D	U	
4	1	6	4
−4			1 0 4
0	1	6	C D U
	−1	6	
		0	

Trocamos 1 dezena por 10 unidades e juntamos às 6 unidades já existentes, obtendo, assim, 16 unidades.

Dividindo 16 por 4, obtemos 4 unidades e resto zero.

Assim, obtemos:

dividendo: 4 1 6
divisor: 4
quociente: 104
resto: 0

```
  4 1 6 | 4
 −4     |104 → quociente
  ─────
    0 1 6
   −  1 6
   ──────
        0 → resto
```

Como o resto é **zero**, a divisão é **exata**.

Portanto, 416 ÷ 4 = 104.

Assim, podemos concluir que Sandra e os colegas precisarão de 104 páginas com 4 fotos em cada uma para colocar todas as fotos.

1 Imagine que eles tivessem 418 fotos e quisessem colocar 4 fotos em cada página. Quantas páginas seriam ocupadas?

Observe as etapas e complete as divisões.

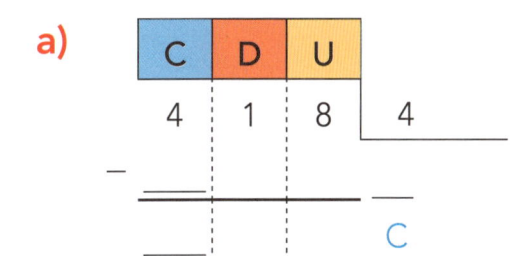

a)

C	D	U
4	1	8	4
			C

Dividindo 4 centenas por 4, obtemos 1 centena e resto zero.

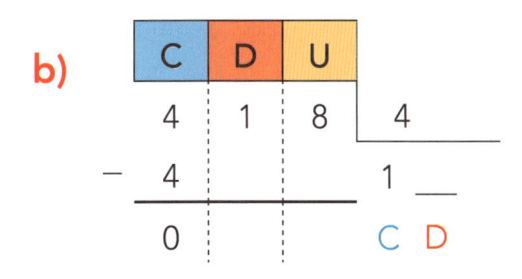

b)

C	D	U
4	1	8	4
4			1 _
0			C D

Não é possível dividir 1 dezena por 4 e obter dezena no quociente. Assim, coloque um zero no quociente para indicar esse fato (zero dezena).

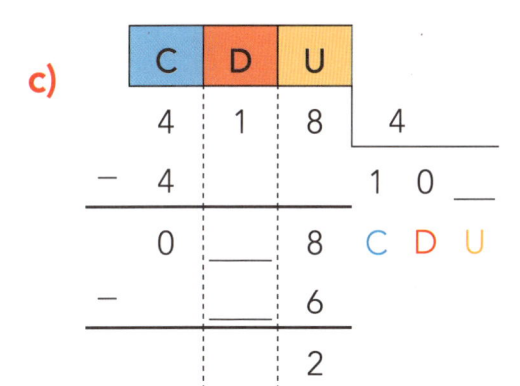

c)

C	D	U
4	1	8	4
4			1 0 _
0	_	8	C D U
	_	6
		2

Trocamos 1 dezena por 10 unidades e juntamos às 8 unidades já existentes, obtendo, assim, 18 unidades.

Dividindo 18 por 4, obtemos 4 unidades e resto 2.

d) Essa divisão é exata ou não exata? Por quê? _____

e) Quantas páginas seriam ocupadas com 4 fotos? _____

> Em qualquer divisão com números naturais, vale a relação:
> **Dividendo = quociente × divisor + resto**

2 Leia a informação do boxe e aplique essa relação na divisão 418 ÷ 4. Em seguida, escreva as suas conclusões.

_____
_____

3 Efetue cada divisão a seguir e indique se é exata ou não.

a) 496 ÷ 2 = _____

b) 675 ÷ 7 = _____

c) 4 286 ÷ 2 = _____

d) 532 ÷ 3 = _____

e) 982 ÷ 9 = _____

f) 72 305 ÷ 6 = _____

4 O monitor de um computador custa 1 380 reais. Esse valor pode ser pago com uma entrada de 180 reais e o restante em 6 prestações iguais. Nessas condições, qual será o valor de cada prestação?

_____

5 Um jogo eletrônico tem o formato de um círculo dividido em oito partes iguais, como mostra a figura.

Em cada jogada, uma única parte do círculo se ilumina e todas as partes iluminadas têm a mesma probabilidade de ocorrer.

Indique qual é a probabilidade de, em uma jogada, ser iluminada:

a) a parte indicada com o número 2; _____

b) uma parte indicada com um número múltiplo de 4; _____

c) uma parte que tem um número que dividido por:

- 2 deixa resto 1; _____

- 3 deixa resto 2. _____

6 Veja como podemos efetuar a divisão 1 422 ÷ 9 usando a calculadora:

1 4 2 2 ÷ 9 =   158

Agora, usando o mesmo procedimento e uma calculadora, efetue:

a) 580 ÷ 5 = _____

b) 6 824 ÷ 8 = _____

c) 2 023 ÷ 7 = _____

d) 439 308 ÷ 6 = _____

7 Em uma divisão, o divisor é 8, o quociente é 109 e o resto é 5. Qual é o dividendo?

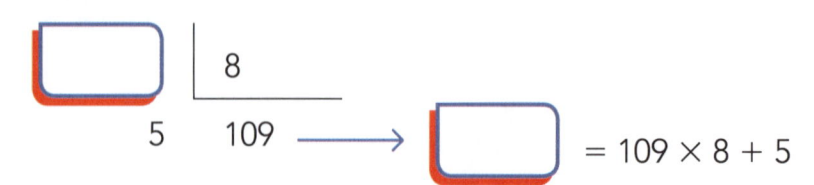

☐ | 8
5　109 → ☐ = 109 × 8 + 5

8 Inácio plantou, durante 6 dias, 654 mudas de café em uma área de seu sítio.

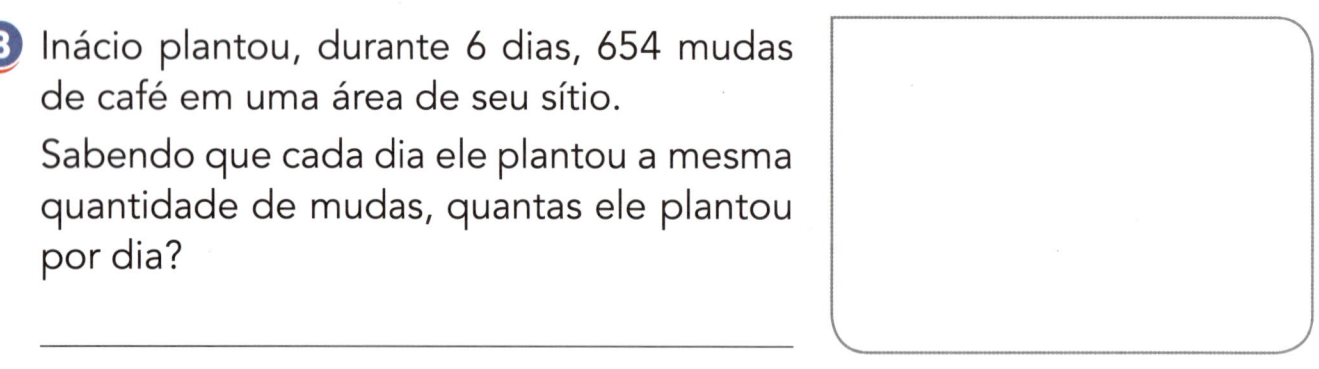

Sabendo que cada dia ele plantou a mesma quantidade de mudas, quantas ele plantou por dia?

DESAFIO

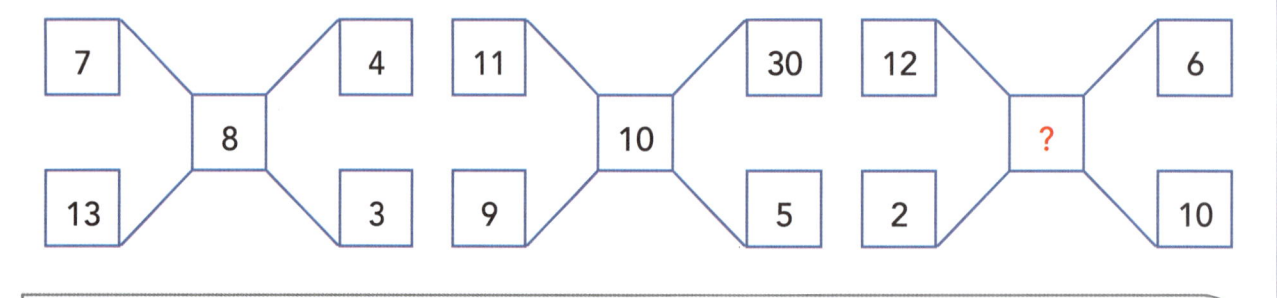

Que número deve substituir o ponto de interrogação?

7		4	11		30	12		6
	8			10			?	
13		3	9		5	2		10

9 Elabore e resolva um problema considerando que uma pessoa plantou 978 mudas em 8 dias. Depois, dê para um colega resolver enquanto você resolve o elaborado por ele.

_____
_____
_____

- A pessoa do problema que você elaborou poderia ter plantado a mesma quantidade de mudas todos os dias? Justifique.

_____
_____
_____
_____

10 Escolha um número natural qualquer e faça os cálculos.

- Multiplique-o por 8.
- Ao resultado adicione 24.
- Divida o resultado anterior por 4.
- Desse último resultado, subtraia o dobro do número que você escolheu.
- Anote o número.

Repita três vezes essa sequência iniciando cada vez com um número diferente. Que resultado final você obteve em cada caso?

11 Carlos e Antônio efetuaram a mesma divisão usando estimativas e subtrações sucessivas de duas maneiras diferentes. Veja:

Carlos

```
  4 9 1 | 8
- 3 2 0   40  ⟶ 40 × 8 = 320
  ─────
  1 7 1   20  ⟶ 20 × 8 = 160
- 1 6 0  + 1  ⟶ 1 × 8 = 8
  ─────  ───
    1 1   61
-     8
  ─────
      3
```

Antônio

```
  4 9 1 | 8
- 2 4 0   30  ⟶ 30 × 8 = 240
  ─────
  2 5 1   20  ⟶ 20 × 8 = 160
- 1 6 0   10  ⟶ 10 × 8 = 80
  ─────
    9 1  + 1  ⟶ 1 × 8 = 8
-   8 0   ───
  ─────   61
    1 1
-     8
  ─────
      3
```

Efetue no caderno as seguintes divisões usando subtrações sucessivas e registre os resultados obtidos.

a) 187 ÷ 5 =

b) 3 198 ÷ 6 =

CURIOSIDADES

A primeira **plantação de café** no Brasil aconteceu em 1727 no Estado do Pará a partir de uma muda trazida da Guiana Francesa por Francisco de Melo Palheta. Dizem que ele foi à Guiana arbitrar uma disputa de fronteiras e teria seduzido a esposa do governador, que o presenteou com mudas e sementes de café.

Viviane Taguchi. 10 curiosidades sobre café. *Globorural*, [s. l.], 22 jul. 2015. Disponível em: https://revistagloborural.globo.com/Noticias/Agricultura/Cafe/noticia/2015/07/10-curiosidades-sobre-cafe.html. Acesso em: 22 jan. 2021.

12 Veja como podemos efetuar 168 ÷ 2.

168	50	68	30	8	4	0
	50		30		4	

Portanto, 168 ÷ 2 = 50 + 30 + 4 = 84. Explique esse modo de dividir.

_____

_____

_____

13 Efetue, no caderno, usando o procedimento apresentado:

a) 142 ÷ 2 = _____

b) 132 ÷ 3 = _____

c) 286 ÷ 2 = _____

d) 408 ÷ 4 = _____

14 Em uma rua foram colocados 7 postes de iluminação com o mesmo espaço entre cada um deles.

A distância entre o primeiro e o último poste é de 126 metros.

Faça um desenho para ilustrar essa situação. Considere que cada metro de rua corresponde a um centímetro no seu desenho. Depois, calcule a distância entre cada poste.

A distância entre cada poste é de _____.

DIVISÃO COM 2 ALGARISMOS NO DIVISOR

Os estudantes de uma escola foram conhecer uma produção de brinquedos artesanais.

- Um artesão produz 45 carrinhos de madeira em 15 dias. Como ele monta a mesma quantidade todos os dias, quantos carrinhos monta por dia?
- Em cada carrinho são colocadas 4 rodas. A rodas são guardadas em caixas, cada uma com 32 unidades. Quantos carrinhos poderão ser montados com as rodas de uma caixa?

Em 14 dias são produzidos 1 274 brinquedos. Quantos brinquedos são montados por dia sendo montada a mesma quantidade todos os dias?

Podemos descobrir quantos brinquedos são montados por dia fazendo a divisão 1274 ÷ 14.

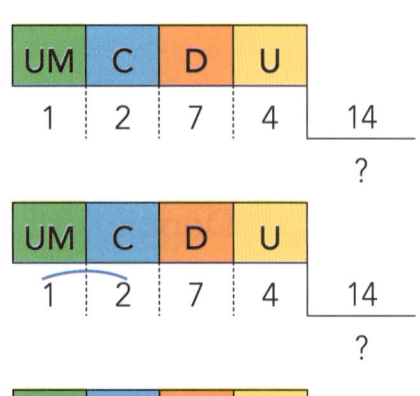

Não é possível dividir 1 unidade de milhar por 14 e obter unidade de milhar no quociente.

Também não é possível dividir 12 centenas por 14 e obter centena no quociente.

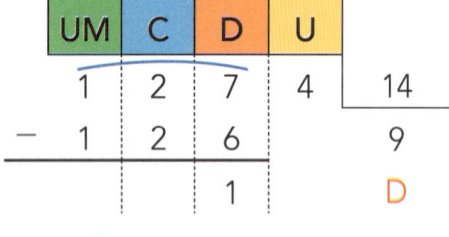

Dividindo 127 dezenas por 14, obtemos 9 dezenas, pois 9D × 14 = 126 dezenas, e resta 1 dezena.

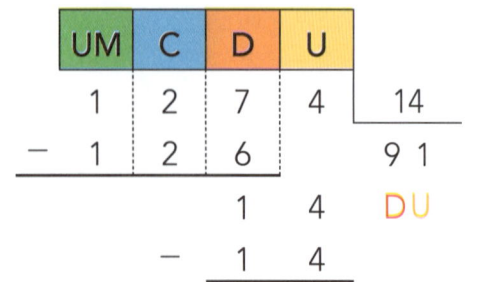

Dividindo 14 unidades por 14, obtemos o quociente 1 e resto zero.

Portanto, foram montados 91 brinquedos por dia.

1. Efetue os cálculos no caderno e insira a resposta.

   a) 1128 ÷ 12 = _____

   b) 1035 ÷ 45 = _____

   c) 4032 ÷ 56 = _____

   d) 32150 ÷ 215 = _____

2. O Parque Nacional do Iguaçu, situado na Região Sul do Brasil, é uma referência na conservação da natureza e no desenvolvimento sustentável do turismo.

   Para entrar no parque, um grupo formado por dois adultos e algumas crianças pagaram, ao todo, 226 reais.

   Cataratas do Parque Nacional de Iguaçu. Foz do Iguaçu, Paraná, agosto de 2019.

   Sabendo que o ingresso de um adulto custou 38 reais e o de uma criança 10 reais, havia quantas crianças nesse grupo?

   _____

3 A tabela a seguir mostra a quantidade de crianças que visitaram o Parque Nacional do Iguaçu em 5 dias.

Visitação ao Parque Nacional do Iguaçu				
Segunda-feira	Terça-feira	Quarta-feira	Quinta-feira	Sexta-feira
75	30	45	30	15

Fonte: Dados fictícios.

a) Quantas crianças visitaram o parque nesses cinco dias? _____

b) Para a visita, as crianças foram divididas em 8 grupos. É possível que todos os grupos tenham o mesmo número de crianças, sem que ninguém fique fora dos grupos?

_____

c) Se formassem 15 grupos com esse total de crianças, quantas fariam parte de cada grupo? _____

4 Uma mercearia recebeu mercadorias que devem ser empacotadas. Veja na tabela a seguir.

Mercadorias para empacotar			
Mercadoria	arroz	feijão	batata
Massa (em kg)	795	575	218

Fonte: Dados fictícios.

Serão feitos pacotes com 12 kg de arroz, pacotes com 25 kg de feijão e pacotes com 2 kg de batata.

a) Serão feitos quantos pacotes de:

- arroz? _____

- feijão? _____

b) Quantos quilogramas de cada mercadoria ficarão sem empacotar? _____

5 Alexandre comprou um computador no valor de 2 838 reais, uma impressora por 1 230 reais e quatro cartuchos de tinta que custaram 24 reais cada um.

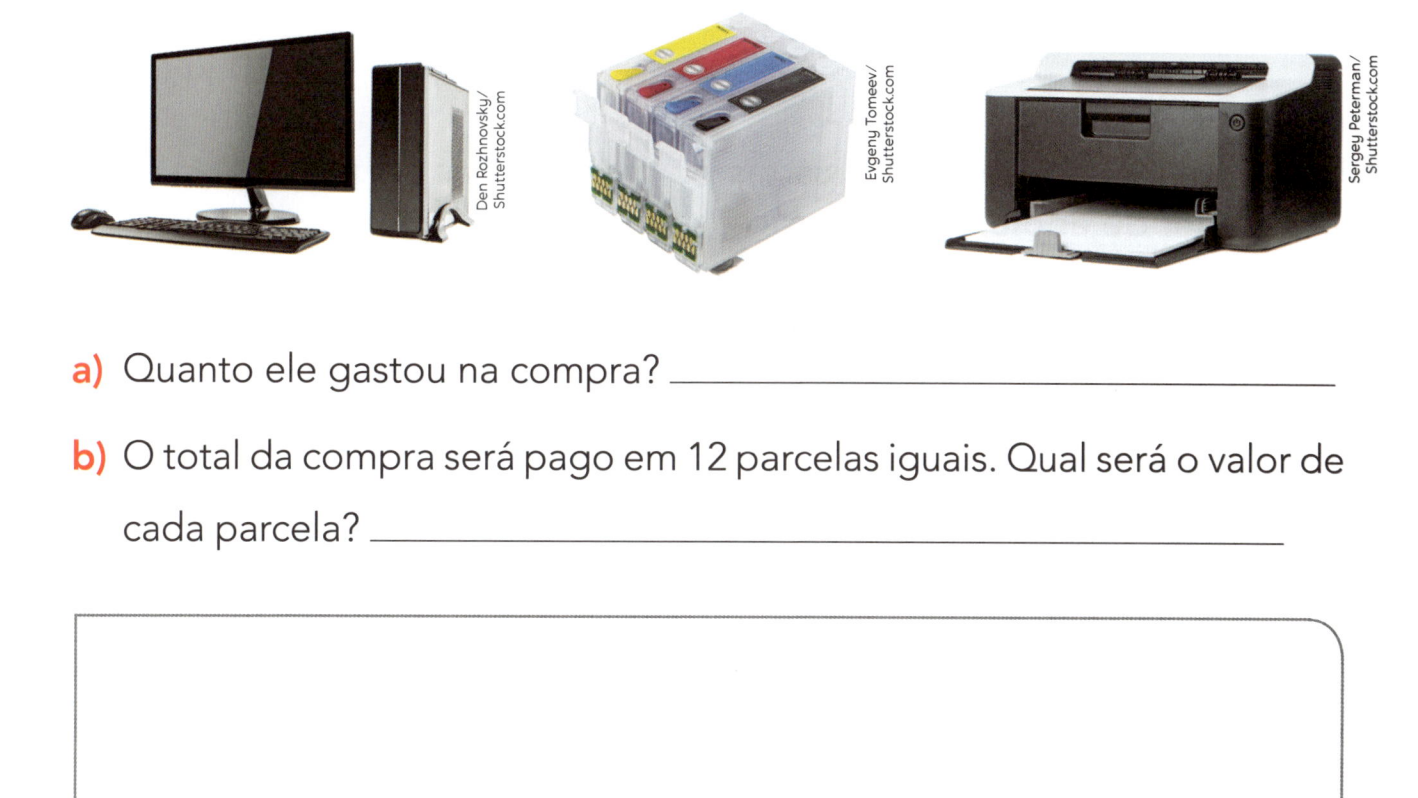

a) Quanto ele gastou na compra? _____

b) O total da compra será pago em 12 parcelas iguais. Qual será o valor de cada parcela? _____

6 Na fábrica de brinquedos, há uma estante com 684 carrinhos de madeira. Esses carrinhos serão colocados em caixas com 18 carrinhos em cada uma. Quantas caixas serão necessárias para acomodar todos os carrinhos?

QUE DIVERTIDO!

MEMÓRIA DA DIVISÃO

Para jogar, recortem as cartas do material das páginas 263 a 265 do **Material de apoio**. Formem trios, sendo dois jogadores e um juiz.

- O juiz deve embaralhar as cartas e distribuí-las sobre a mesa, viradas para baixo.
- Cada jogador na sua vez vira duas cartas.
- Se a divisão e o resultado forem equivalentes, o jogador fica com as cartas para si e joga novamente.
- Se não forem correspondentes, o jogador devolve as cartas na mesa e passa a vez.

Vence quem tiver a maior quantidade de cartas ao final do jogo.

Vamos definir o jogador iniciante pelo par ou ímpar.

2. SEQUÊNCIAS NUMÉRICAS

Estudantes e professores visitaram uma comunidade que vive da coleta do açaí. Uma família falou sobre o trabalho nas últimas semanas do mês. Contou que colheram, em média, 100 kg de açaí na 1ª semana. Na 2ª semana, colheram 120 kg e na 3ª semana colheram 140 kg.

Sacas de açaí.

Açaizeiro.

- Quantos quilogramas de açaí a família colheu a mais na 2ª semana em relação à 1ª semana?
- Quantos quilogramas colheram na 3ª semana a mais que na 2ª semana?
- Se continuarem aumentando da mesma forma a quantidade colhida, quantos quilogramas serão colhidos na 4ª e 5ª semanas?

As quantidades em quilogramas colhidas formam uma sequência ordenada de números:

100, 120, 140, 160, 180...

Nessa sequência, cada número a partir do segundo foi obtido adicionando 20 ao número anterior.

1 Imagine que uma família coletora de açaí tenha colhido 210 kg em determinado período e reduziu sua produção em 30 kg nos períodos seguintes. Complete a sequência para descobrir quantos quilogramas foram coletados nesses períodos.

210, 180, 150, _____, _____, _____, _____

Nesse caso, cada número a partir do segundo foi obtido subtraindo _____ do número anterior.

2 No quadro a seguir, analise cada sequência numérica e escreva como cada uma delas pode ser obtida.

Número	Dez primeiros múltiplos naturais	Como a sequência foi formada
2	0, 2, 4, 6, 8, 10, 12, 14, 16, 18	Adicionando 2 a partir do 0.
3	0, 3, 6, 9, 12, 15, 18, 21, 24, 27	
5	0, 5, 10, 15, 20, 25, 30, 35, 40, 45	
6	0, 6, 12, 18, 24, 30, 36, 42, 48, 54	

3 Escreva os próximos três números de cada sequência.

a) 4, 8, 12, 16, _____, _____, _____

b) 11, 22, 33, 44, _____, _____, _____

c) 120, 110, 100, _____, _____, _____

d) 9, 18, 36, 72, _____, _____, _____

4 Observe a sequência numérica.

256, 128, 64, 32, 16, 8

Os números dessa sequência seguem um padrão: cada número, do segundo em diante, é obtido dividindo-se o número anterior por 2.

Descubra o padrão e escreva os próximos três números que faltam nas sequências a seguir.

a) 729, 243, 81, 27, _____, _____, _____

- Padrão: o número anterior é dividido por _____.

b) 15 625, 3 125, 625, 125, _____, _____, _____

- Padrão: o número anterior é dividido por _____.

5 Analise o que se pede nas sequências numéricas a seguir.

a) Observe a sequência: 2, 4, 6, 8, 10, 12, 14, 16, 18.

Os números dessa sequência, quando divididos por 2, deixam resto igual a _____.

b) Observe essa outra sequência numérica: 3, 4, 5, 6, 7, 8, 9, 10

Os números dessa sequência, se divididos por 3, deixam quais restos?

_____

_____

c) Divida os números da sequência a seguir por 5.

21, 26, 31, 36, 41, 46, 51

- O que você pode concluir em relação aos restos dessas divisões?

_____

_____

Cento e oitenta e cinco **185**

3. MEDIDAS DE MASSA

A produção e o consumo de alimentos orgânicos têm aumentado no Brasil nos últimos anos, estimulando a demanda de alimentos saudáveis.

Uma escola programou com os estudantes e seus familiares um lanche coletivo apenas com produtos orgânicos. Veja alguns desses produtos.

- Quais alimentos você identifica na foto?
- Quais desses alimentos você costuma consumir com mais frequência?
- O que você sabe sobre produtos orgânicos?
- Qual dos produtos tem a menor massa: um quilograma de tomate ou 800 gramas de cebola? Por quê?

QUILOGRAMA E GRAMA

1) Observe e compare a massa de cada um desses produtos.

a) Qual é o produto de menor massa? _____

b) Quantos gramas o queijo tem a mais que as abobrinhas? _____

c) Desses produtos, qual é o de maior massa? _____

> A unidade de base de medida de massa de um corpo, de acordo com o Sistema Internacional de Unidades (SI), é o **quilograma**.
> 1 quilograma (kg) equivale a 1000 gramas (g).

2) Qual é a massa total dos produtos representados na figura da atividade 1?

_____

3) Os moradores de um condomínio têm uma meta: enviar para reciclagem 150 kg de materiais recolhidos. Estão quase atingindo a meta. Já recolheram 148 kg e 30 g. Faltam quantos gramas para alcançar a meta?

_____

O MILIGRAMA

> Dividindo o grama por 1000, obtemos o **miligrama**, cujo símbolo é **mg**. É utilizado para expressar quantidades menores que o quilograma.

1) Na figura a seguir temos um peso que representa 1 kg e outros dois pesos menores que representam a metade de 1 kg e um quarto de 1 kg. Os pesos menores são exemplos de como 1 kg pode ser dividido.

a) Quantos gramas há em:

- meio quilograma? _____
- um quilograma e meio? _____
- dois quilogramas? _____

b) Dividindo o grama em 1000 partes iguais, que massa terá cada parte?

_____

2) Pesquise imagens de rótulos de produtos que possuam medida de massa em quilograma, grama e miligrama. Recorte-os, cole-os no caderno e traga para mostrar aos colegas.

3) Os pesos a seguir representam 1 kg e outras partes em que ele pode ser dividido.

a) Quantos pesos de 250 gramas são necessários para obtermos 2 quilogramas?

_____

b) Como você pode obter 3 quilogramas utilizando 4 desses pesos?

_____

_____

4 Sabendo que a balança está equilibrada e que as medidas indicadas estão em gramas, quantos gramas há no prato da balança à sua esquerda?

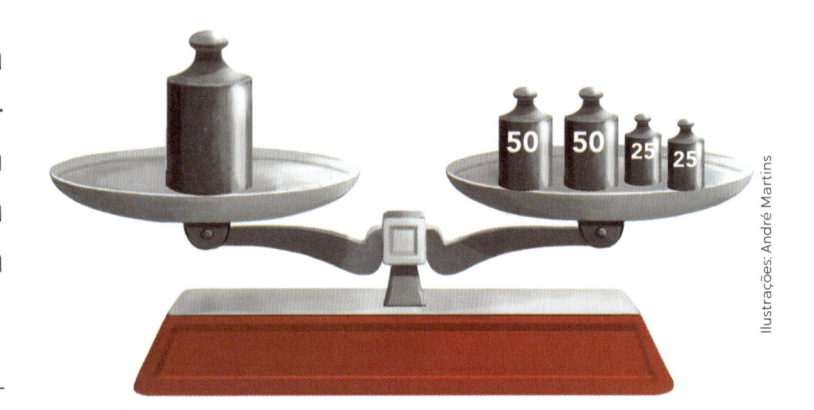

_____

CURIOSIDADES

No laboratório da escola, há 4 unidades de cada um dos pesos. De quantas maneiras diferentes podemos combinar os pesos a seguir para obtermos um total de 16 quilogramas?

_____
_____

PARA DESCONTRAIR

— Você está muito guloso! Já deve ter comido um quilo de ração nesta semana.

— Desse jeito o Pelota vai engordar!

Cento e oitenta e nove

TONELADA

> Para medir grandes quantidades de massa podemos usar a **tonelada**, cujo símbolo é **t**. 1 t equivale a 1000 kg.

1 Avalie as medidas a seguir.

a) A carga de um caminhão tem massa que corresponde a 8 t. Quantos quilogramas tem a carga desse caminhão? _____

b) A safra de milho da cidade foi de 600 t. Quantos quilogramas representa essa safra? _____

2 Leia o trecho da matéria e analise o gráfico a seguir.

O interesse por alimentos saudáveis e sem contaminantes tem impulsionado o crescimento do consumo de produtos orgânicos no Brasil e no mundo [...], segundo levantamento do Ministério da Agricultura, Pecuária e Abastecimento (MAPA).

NÚMERO DE PRODUTORES

- 2012: 5.934
- 2013: 6.719
- 2014: 10.194
- 2015: 11.478
- 2016: 14.222
- 2017: 17.451
- 2018: 17.473
- 2019: 17.730

Em 7 anos, triplica o número de produtores orgânicos cadastrados no Ministério da Agricultura. *Brasil Ecológico*, [Brasília, DF], [2020?]. Disponível em: http://www.agroecologia.gov.br/noticia/em-7-anos-triplica-o-n%C3%BAmero-de-produtores-org%C3%A2nicos-cadastrados-no-minist%C3%A9rio-da-agricultura. Acesso em: 25 nov. 2020

a) O que o gráfico representa?
_____

b) Que motivo levou os produtores a optar por aumentar a produção de alimentos orgânicos?
_____

c) Qual é a diferença entre o número de produtores orgânicos de 2019 e 2012? _____

d) Em que ano o número de produtores aumentou 3475 em relação ao ano anterior? _____

PEQUENAS INVESTIGAÇÕES

O QUE SÃO PRODUTOS ORGÂNICOS

Faça com um colega uma pesquisa em livros, revistas e jornais, disponibilizados na biblioteca da escola ou na internet, para conhecer mais produtos orgânicos.

Procure informações sobre:

- O que são produtos orgânicos?

_____
_____
_____

- Quais são os produtos orgânicos mais comercializados?

_____
_____
_____
_____

- Qual é a vantagem em consumir produtos orgânicos?

_____
_____

- Por que a produção de alimentos orgânicos é melhor para a natureza e para a saúde?

_____
_____
_____
_____

Em sala de aula, apresente o resultado da pesquisa para os colegas e complete seu texto com as informações pesquisadas por eles.

QUE TAL VER DE NOVO?

1) Quais são o quociente e o resto da divisão 196 ÷ 8?

a) ☐ Quociente 24 e resto 4.
b) ☐ Quociente 25 e resto 2.
c) ☐ Quociente 25 e resto 2.
d) ☐ Quociente 22 e resto 6.

2) Para conferir o resultado de uma divisão, o que devemos fazer?

a) ☐ Multiplicar o quociente pelo divisor e somar o dividendo.
b) ☐ Multiplicar o quociente pelo divisor e adicionar o resto.
c) ☐ Multiplicar o dividendo pelo divisor e somar o quociente.
d) ☐ Nenhuma das respostas anteriores.

3) Quais são os três próximos números da sequência numérica a seguir?

9, 24, 39, 54, 69, ...

a) ☐ 88, 100, 128
b) ☐ 84, 99, 114
c) ☐ 80, 95, 110
d) ☐ 80, 98, 116

4) Em uma divisão, o divisor é 9, o quociente é 475 e o resto é 4. Qual é o dividendo?

a) ☐ 4 280
b) ☐ 4 278
c) ☐ 4 279
d) ☐ 4 276

5 Durante um passeio pelo centro da cidade, Neusa e Rômulo almoçaram em um restaurante que só serve alimentos orgânicos e "por quilo". Veja quantos gramas de alimento estão em cada prato.

Quantos gramas de alimento os dois pegaram ao todo?

a) ☐ 812 g   c) ☐ 800 g

b) ☐ 912 g   d) ☐ 920 g

6 Qual é a massa dos dois animais em quilogramas?

3 000 g   25 000 g

a) ☐ 30 kg   c) ☐ 27 kg

b) ☐ 25 kg   d) ☐ 28 kg

UNIDADE 7
PASSEAR E CONVIVER

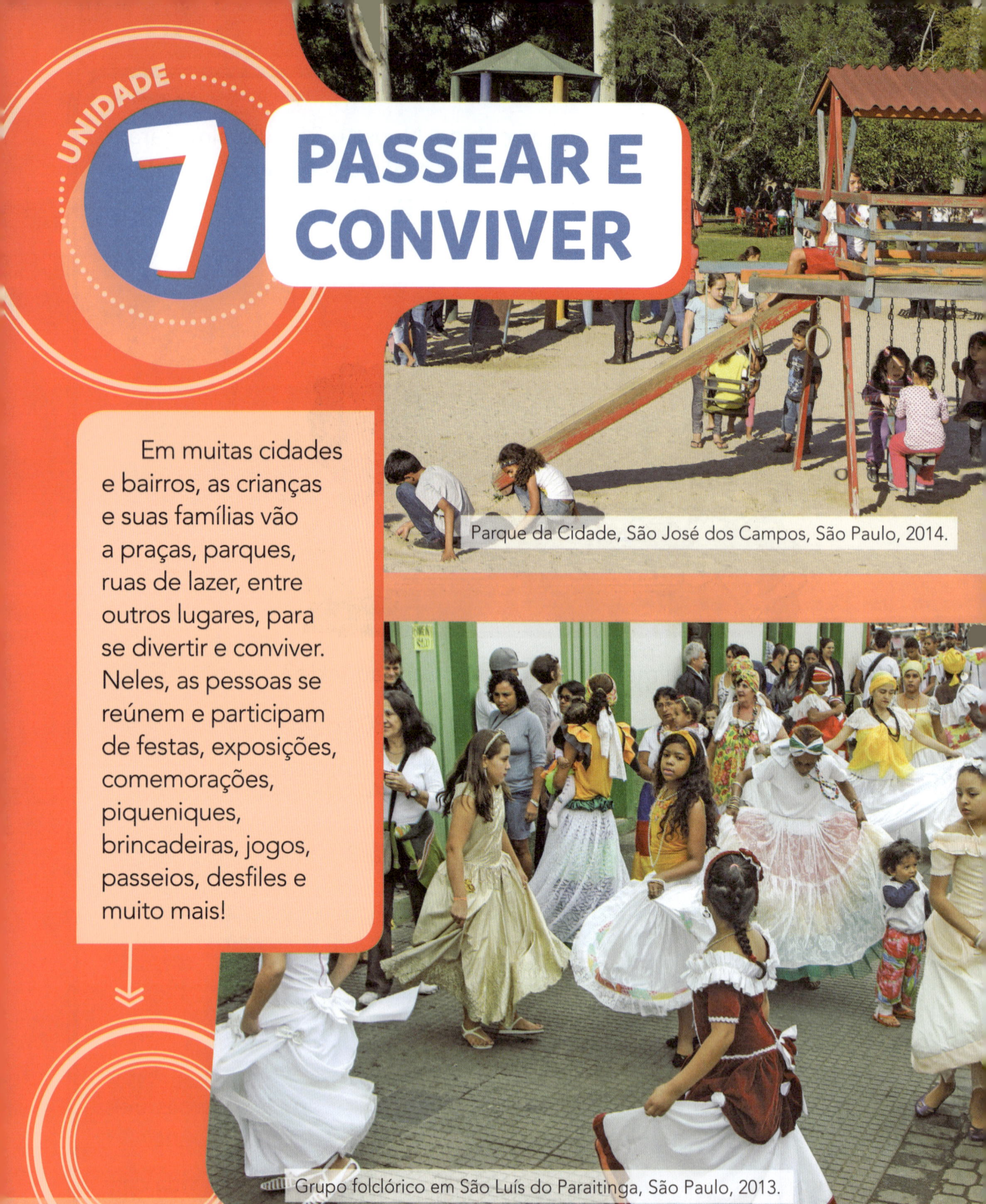

Em muitas cidades e bairros, as crianças e suas famílias vão a praças, parques, ruas de lazer, entre outros lugares, para se divertir e conviver. Neles, as pessoas se reúnem e participam de festas, exposições, comemorações, piqueniques, brincadeiras, jogos, passeios, desfiles e muito mais!

Parque da Cidade, São José dos Campos, São Paulo, 2014.

Grupo folclórico em São Luís do Paraitinga, São Paulo, 2013.

Avenida Paulista fechada para carros aos domingos. São Paulo, São Paulo, 2018.

Cesar Diniz/Pulsar Imagens
Tales Azzi/Pulsar Imagens
Cesar Diniz/Pulsar Imagens

RODA DE CONVERSA

1. Que atividades estão sendo feitas pelas pessoas nas fotos?
2. Você já participou de algumas das atividades mostradas nas imagens? De qual gostou mais?
3. Em sua cidade ou bairro, há lugares que as pessoas frequentam para realizar atividades de lazer e convivência?
4. Qual é a importância do lazer e da convivência na vida das pessoas?

Cento e noventa e cinco 195

1. MULTIPLICAÇÃO E DIVISÃO

No bairro onde Pedro mora, há uma brinquedoteca.
Os blocos de montar, com 60 peças, são seu brinquedo preferido.

> Dá para fazer 5 casinhas, cada uma com 12 bloquinhos.

- Que operação Pedro pode ter feito para descobrir quantos bloquinhos vai usar para montar cada casinha?
- A afirmação dele é verdadeira?
  » Represente, por meio de uma multiplicação e de uma divisão, os cálculos que Pedro pode ter feito para afirmar que dá para fazer 5 casinhas com 12 bloquinhos.

1. Sara vai participar de uma festa comunitária na praça perto da casa dela. Deverá levar, como contribuição, 189 docinhos em 9 bandejas. Veja como ela calculou a quantidade de docinhos a serem colocados em cada bandeja.

$$\begin{array}{r} 189 \\ -18 \\ \hline 09 \\ -9 \\ \hline 0 \end{array} \bigg| \begin{array}{l} 9 \\ 21 \end{array}$$

a) Com relação à situação apresentada, o que o dividendo, o divisor, o quociente e o resto representam?

- Dividendo:
  _____

- Divisor:
  _____

- Quociente:
  _____

- Resto:
  _____

Para verificar se o cálculo de Sara está correto, pode ser usada a operação inversa da divisão. Observe:

$$\begin{array}{r} 21 \\ \times\ 9 \\ \hline 189 \end{array}$$

b) Que relação você percebe entre a divisão e a multiplicação apresentadas?

_____
_____
_____
_____

2 Observe a mesma situação apresentada de duas formas diferentes e resolva cada uma delas.

a) Adélia contribuiu com sanduíches para a festa. Levou 2 caixas, cada uma com 28 sanduíches. Quantos sanduíches ela levou?

b) Adélia contribuiu com sanduíches para a festa. Levou 56 sanduíches embalados em 2 caixas, com a mesma quantidade em cada uma. Quantos sanduíches foram colocados em cada caixa?

• O que você percebeu após ler e resolver os problemas dos itens **a** e **b**?

3 Efetue as seguintes divisões e verifique se seus cálculos estão corretos usando a relação:

dividendo = quociente × divisor + resto

a) 279 ÷ 6 = _____

b) 128 ÷ 3 = _____

4 Arme e efetue as operações a seguir.

a) 24 ⟶ dividendo
   2 ⟶ divisor
   12 ⟶ quociente
   0 ⟶ resto

b) 22 ⟶ dividendo
   4 ⟶ divisor
   5 ⟶ quociente
   2 ⟶ resto

5 Complete o diagrama com informações sobre divisão.

Horizontais

1. Um dos termos da divisão.

2. Termo que indica o resultado de uma divisão.

3. Quociente de 12 ÷ 2.

Verticais

4. O produto de 4 × 5.

5. Quando uma divisão tem resto igual a zero.

6. Quociente de 800 ÷ 10.

7. Resultado da divisão de 90 por 9.

8. Resultado da divisão de 42 por 6.

6 Complete com o número que torna a igualdade verdadeira.

$$\boxed{} \div 8 = 74$$

7 Em uma divisão, o divisor é 7, o quociente é 92 e o resto é 6. Qual é o dividendo?

DESAFIO

Em um parque de diversões, há inúmeras pessoas brincando em várias atrações. Considere que, a cada 5 minutos, 8 pessoas entram no parque. Célia será a 62ª pessoa da fila a entrar. Quanto tempo ela precisará esperar por sua vez?

2. MÚLTIPLOS E DIVISORES

Um campeonato de vôlei será realizado na quadra de esportes da cidade. Cada time terá 6 jogadores.

- Quantas pessoas serão necessárias para formar 2 times? E 4 times?

- Se 48 pessoas participarem do campeonato, será possível formar quantos times sem sobrar ninguém?

- Os organizadores decidiram que cada time precisa ter 2 jogadores de reserva. Quantas pessoas precisam participar para formar:

   a) 5 times?   b) 6 times?

   _____   _____

Leia as informações dos balões de fala e observe as operações.

"Divisão exata tem resto zero."

"Para conferir o resultado, fiz uma multiplicação."

```
  4 2 | 6
- 4 2   7
  ─────
      0
```

```
    7
×   6
─────
   42
```

Em uma **divisão exata**, se multiplicarmos o quociente pelo divisor, obteremos o dividendo.

Usando a tábua de multiplicação, podemos saber quais divisões por 6 serão exatas. Dizemos, por exemplo, que:
- 42 **é múltiplo** de 6, porque 7 multiplicado por 6 é igual a 42;
- 6 **é divisor** de 42, porque 42 dividido por 6 tem resto zero.

$0 \times 6 = 0$
$1 \times 6 = 6$
$2 \times 6 = 12$
$3 \times 6 = 18$
$4 \times 6 = 24$
$5 \times 6 = 30$
$6 \times 6 = 36$
$7 \times 6 = 42$

"Ao dividir qualquer um dos números em verde por 6, obtemos uma divisão exata."

Duzentos e três

1 Veja a seguir as tábuas de multiplicação de 2 a 9.

0 × 2 = 0	0 × 3 = 0	0 × 4 = 0	0 × 5 = 0
1 × 2 = 2	1 × 3 = 3	1 × 4 = 4	1 × 5 = 5
2 × 2 = 4	2 × 3 = 6	2 × 4 = 8	2 × 5 = 10
3 × 2 = 6	3 × 3 = 9	3 × 4 = 12	3 × 5 = 15
4 × 2 = 8	4 × 3 = 12	4 × 4 = 16	4 × 5 = 20
5 × 2 = 10	5 × 3 = 15	5 × 4 = 20	5 × 5 = 25
6 × 2 = 12	6 × 3 = 18	6 × 4 = 24	6 × 5 = 30
0 × 6 = 0	0 × 7 = 0	0 × 8 = 0	0 × 9 = 0
1 × 6 = 6	1 × 7 = 7	1 × 8 = 8	1 × 9 = 9
2 × 6 = 12	2 × 7 = 14	2 × 8 = 16	2 × 9 = 18
3 × 6 = 18	3 × 7 = 21	3 × 8 = 24	3 × 9 = 27
4 × 6 = 24	4 × 7 = 28	4 × 8 = 32	4 × 9 = 36
5 × 6 = 30	5 × 7 = 35	5 × 8 = 40	5 × 9 = 45
6 × 6 = 36	6 × 7 = 42	6 × 8 = 48	6 × 9 = 54

a) Quais são os seis primeiros múltiplos de 4? _____

b) E os quatro primeiros múltiplos de 7? _____

c) Escreva os três primeiros múltiplos de 9. _____

d) Registre os cinco primeiros múltiplos de 6. _____

e) Escreva quatro números dos quais 12 seja múltiplo:

_____

- Converse com os colegas a respeito do que observaram nas respostas dadas aos itens anteriores e registre as conclusões no caderno.

2 Observe o quadro com algumas divisões.

2 ÷ 1 = 2 2 ÷ 2 = 1	3 ÷ 1 = 3 3 ÷ 3 = 1	4 ÷ 1 = 4 4 ÷ 2 = 2 4 ÷ 4 = 1	5 ÷ 1 = 5 5 ÷ 5 = 1
6 ÷ 1 = 6 6 ÷ 2 = 3 6 ÷ 3 = 2 6 ÷ 6 = 1	7 ÷ 1 = 7 7 ÷ 7 = 1	8 ÷ 1 = 8 8 ÷ 2 = 4 8 ÷ 4 = 2 8 ÷ 8 = 1	9 ÷ 1 = 9 9 ÷ 3 = 3 9 ÷ 9 = 1

Veja que o 1 é divisor de todos os números naturais. Quantos e quais são os divisores de:

a) 6? _____

b) 7? _____

c) 5? _____

d) 8? _____

e) 3? _____

f) 9? _____

3 Moradores de um bairro distribuirão panfletos para uma campanha de limpeza e preservação da praça. Serão, no total, 160 panfletos numerados. Entretanto, por causa de um defeito de impressão, as páginas que correspondem aos múltiplos de 8 não foram numeradas. Quantas e quais páginas não foram numeradas? A primeira página será a de número 1.

3. LITRO E MILILITRO

Alguns amigos se reuniram para um jogo de futebol na quadra de esportes do bairro. O treinador se preocupou em manter os jogadores sempre bem hidratados.

- A capacidade de cada garrafa de água distribuída para os jogadores é de 350 mL. Qual é a capacidade de duas dessas garrafas?

- A capacidade de duas dessas garrafas corresponde a mais de 1 litro de água ou a menos?

  » Cada copo representado a seguir têm capacidade de 250 mL. Quantos copos podemos encher com 4 litros de água?

Observe abaixo alguns produtos cuja capacidade é indicada em **L** ou **mL**.

Esta embalagem contém 500 mL de suco.

Esta embalagem contém 1 L de leite.

Esta embalagem contém 2 L de água.

> Para expressar a medida da quantidade de leite e de água, foi usada a unidade de medida **litro**, cujo símbolo é o **L**.
>
> Para expressar a medida de quantidade menor que o litro, como no caso do suco de laranja, foi usada a unidade de medida **mililitro**, expressa com o símbolo **mL**.
>
> **1 L equivale a 1000 mL**

1) Quantas embalagens com 1 litro de suco são necessárias para completar 3 litros de suco? Quantos mililitros de suco há em 3 litros de suco?

2) Uma família preparou 20 litros de suco de laranja para um lanche comunitário. Quantas jarras com capacidade para 2 e para 3 litros podem ser usadas para servir o suco? Escreva pelo menos 3 possibilidades.

3 Para encher com água uma embalagem vazia de 2 L, podemos usar 3 tipos de copo com capacidades diferentes. Sabendo que só podemos usar um tipo de copo por vez, quantas vezes precisamos encher cada copo para completar a garrafa? Calcule do jeito que preferir.

a) Copo de 200 mL: _____

b) Copo de 250 mL: _____

c) Copo de 500 mL: _____

4 Veja a oferta que Luciana encontrou no supermercado:

> LEVE 4 LATAS DE SUCO DE 350 mL E PAGUE 3.

a) Luciana estimou que, comprando 4 latas de suco, com 350 mL cada uma, ela levaria para casa mais de 1 litro de suco. Está correta a estimativa de Luciana?

_____

Demonstre sua resposta por meio de cálculos.

b) Luciana resolveu aproveitar a promoção e comprou 8 latas de suco. Quantos mililitros de suco ela comprou?

5 Antônio pretende preparar macarrão instantâneo de acordo com as instruções da embalagem. Para cada pacote de macarrão, são necessários dois copos de 250 mL de água. Se ele quiser preparar 3 pacotes de macarrão instantâneo, um litro de água será suficiente? Por quê?

_____

6 Um supermercado vende óleo em embalagem de 900 mL, por 2 reais e, em embalagem de 2 700 mL, por 5 reais. Se uma pessoa levar a embalagem de 2 700 mL em vez de 3 embalagens de 900 mL, ela vai economizar na compra? Por quê?

_____
_____
_____

PARA DESCONTRAIR

4. SIMETRIA

Vera fez um desenho em que, quando dobrado ao meio, uma de suas partes se sobrepõe exatamente à outra, como se uma parte fosse a imagem da outra refletida em um espelho.

Jorge, dobrei o desenho ao meio e veja o que aconteceu!

Quando dobramos uma figura ao meio e uma das partes se sobrepõe exatamente à outra, temos uma figura **simétrica**. A linha que representa o meio chama-se **eixo de simetria**.

1) Complete a figura simétrica em relação ao eixo de simetria destacado.

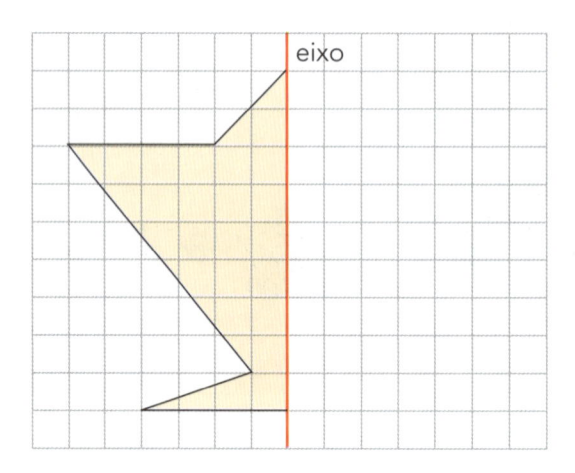

eixo

2 Muitas figuras geométricas planas têm eixos de simetria. Observe as figuras e contorne aquelas em que a linha vermelha é um eixo de simetria.

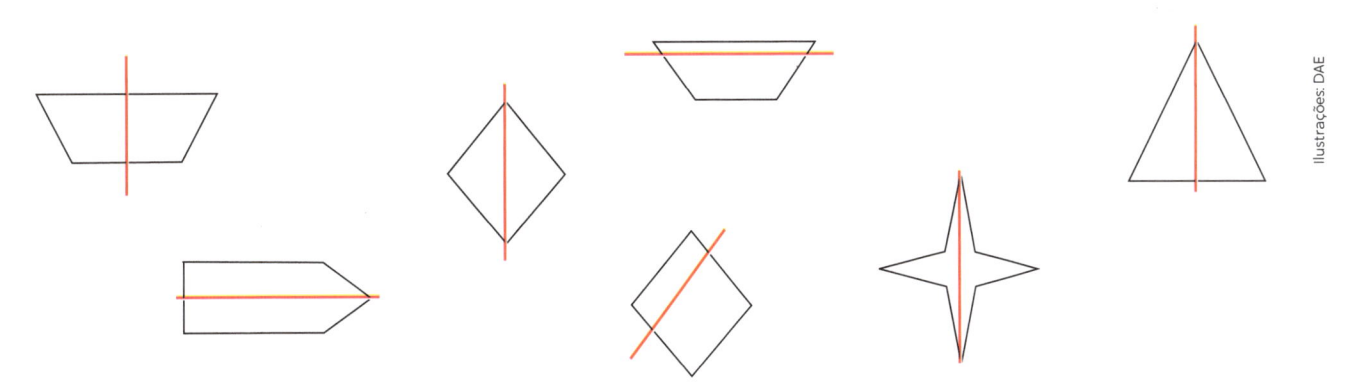

3 Algumas letras maiúsculas são simétricas. Veja.

A eixo

B — eixo

Observe as letras do quadro e responda:

C D E F G H I

J K L M N O P Q R

S T U V W X Y Z

a) Quais letras têm um único eixo de simetria?

_____

b) Quais as letras têm mais de um eixo de simetria?

_____

4 Em um *software* de geometria dinâmica, siga o passo a passo abaixo.

1. Use a ferramenta **Ponto** e crie os pontos **A**, **B**, **C**, **D** e **E**, como indicado a seguir.

2. Com a ferramenta **Polígono**, clique nos pontos **A**, **B**, **C**, **D**, **E** e **A**, nessa ordem.

3. Com a ferramenta **Reta**, alinhe dois pontos verticalmente de forma que não passem pela figura e crie uma reta.

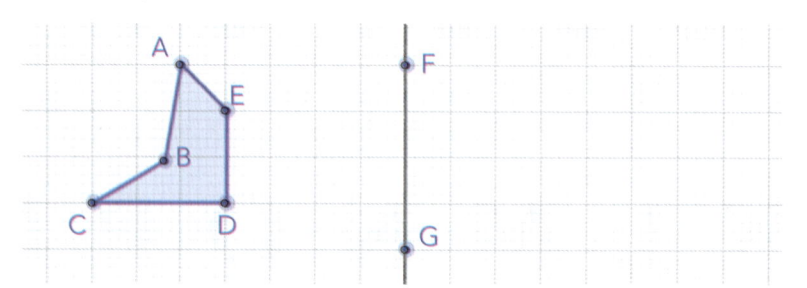

4. Com o botão **Reflexão em Relação a uma Reta** ativado, clique primeiro no polígono e, depois, na reta.

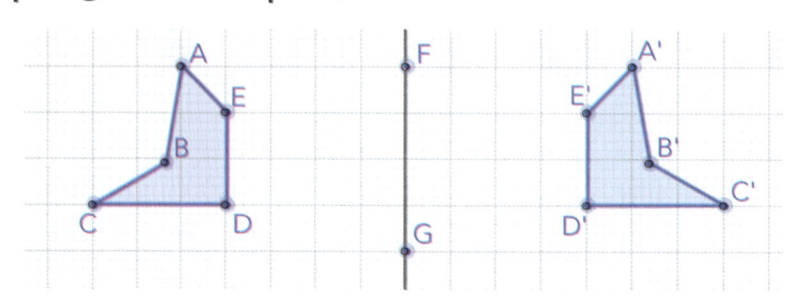

Agora, movimente os pontos da figura original e observe o que acontece em sua reflexão. Registre suas descobertas no caderno.

OLHANDO PARA O MUNDO

PRAÇA GANHA REVITALIZAÇÃO COM AJUDA DOS MORADORES

A Praça Manoel Borges de Souza Nunes, conhecida como Braúna, fica na Zona Leste de São Paulo. Os moradores contam que não era possível frequentar a praça antes da reforma, pois havia muito lixo espalhado e falta de iluminação.

Veja um trecho da matéria.

[...]

Após a reforma, o espaço ganhou iluminação, *playground*, pista de *skate* e aparelhos para ginástica. O objetivo agora, segundo Eliane, é criar uma associação de moradores para manter o que foi feito e conduzir novos projetos, como oficinas e apresentações.

[...]

O mais gratificante é ver as crianças felizes por ter aquele espaço para eles. [...]

Com ajuda de moradores, praça na Zona Leste ganha revitalização. *G1*, São Paulo, 23 set. 2014. Disponível em: http://g1.globo.com/sao-paulo/noticia/2014/09/com-ajuda-de-moradores-praca-na-zona-leste-ganha-revitalizacao.html. Acesso em: 18 dez. 2020.

- Imagine que os moradores construíram uma pista de *skate* simétrica. Desenhe a seguir como você acha que seria essa pista.

QUE TAL VER DE NOVO?

1 Em uma divisão, o dividendo é 60, o divisor é 6, o quociente é 10 e o resto é 0. Qual dos procedimentos pode ser usado para verificar se o resultado está correto?

a) ☐ 10 × 6

b) ☐ 60 × 6

c) ☐ 10 × 60

d) ☐ 60 × 10 + 6

2 Qual é o número que, dividido por 7, resulta em 61?

a) ☐ 420

b) ☐ 423

c) ☐ 426

d) ☐ 427

3 (Saemi-PE) Observe a conta abaixo.

$$396 \div 3$$

Qual é o resultado dessa conta?

a) ☐ 132

b) ☐ 196

c) ☐ 231

d) ☐ 339

4 Quais são os quatro primeiros múltiplos de 8?

a) ☐ 0, 8, 16 e 24

b) ☐ 1, 18, 16 e 24

c) ☐ 8, 16, 24 e 32

d) ☐ 0, 8, 24 e 32

5 Quais são os divisores de 12?

a) ☐ 0, 2, 4, 6, 8, 10 e 12

b) ☐ 1, 2, 3, 4, 6 e 12

c) ☐ 0, 2, 4, 8 e 12

d) ☐ 0, 1, 2, 3 e 4

6 Se o suco de 1 jarra enche 4 copos, quantas dessas jarras de suco encherão 16 copos?

a) ☐ 2 jarras

b) ☐ 4 jarras

c) ☐ 6 jarras

d) ☐ 8 jarras

7 Quantas garrafas de 250 mL de água são necessárias para encher uma jarra de 2 litros?

a) ☐ 6 garrafas

b) ☐ 7 garrafas

c) ☐ 8 garrafas

d) ☐ 9 garrafas

8 Donato está colhendo pinhão em seu sítio. No primeiro dia, ele colheu 35 kg. No segundo dia, colheu o triplo dessa quantidade. Quantos quilogramas de pinhão ele colheu nesses dois dias? Assinale a alternativa correta.

a) ☐ 135 kg

b) ☐ 150 kg

c) ☐ 148 kg

d) ☐ 140 kg

UNIDADE 8
FÉRIAS

O fim de ano está chegando! É hora de celebrar! Comemorar a aprendizagem, as dificuldades vencidas, os amigos conquistados, os momentos alegres, a atenção e o carinho recebidos.

As escolas finalizam as aulas e se preparam para as férias de muitas maneiras, com festas, gincanas, confraternizações, teatro, lanches e muito mais.

Organização de campeonato escolar.

Atividade envolvendo estudantes e familiares.